結び目理論の圏論

「結び目」のほどき方

著●伊藤 昇
ITOH Noboru

日本評論社

はじめに

　本書は，コンピューターサイエンスの「圏論化」に対して，その理解の材料となる「結び目の数学」をわかりやすく解説するものである．本書は2部からなり，第Ⅰ部では結び目の数学における1980年代の量子化から2000年代の圏論化へと続いていく流れを，サイドストーリーや筆者が関わった小話も織り交ぜつつ切れ目のないように展開する．「圏論化」という概念は，抽象化と具体化という2つの方向性を持つ．抽象化による俯瞰的な視点がある一方で，具体化による各論も存在する．第Ⅰ部では抽象化によって解かれる数学の有名問題をお見せし，第Ⅱ部では，筆者と共同研究者たちが手作りの具体化した各論を用いて，どのように未解決問題に臨んだのかを紹介する．ここでは，2015年前後に生まれた最新の未解決問題たちと，解決のために考え抜いた方策たちを裏話込みで記述した．第Ⅱ部における具体的な各論は，いずれ第Ⅰ部で見るような抽象化がなされることもあるであろう．なお，第Ⅱ部は，雑誌『数学セミナー』に2015年10月号から2016年3月号まで連載された記事の書籍化であり，最新の結果とそこに至る最短ルートをまとめている．教科書とは「研究が終わった範囲」を記述するものだと思われる人もいるかもしれないが，この本はまったく違う，ということを宣言しておく．
　ところで，我々はなぜ数学活動を行うのだろうか？
　数学というものが，現代のほとんどすべての科学の言語となっていて，その理論の進展が世の中を動かしていることは誰もが認めるところであろう．時代の要請とともにプログラミングも当然ながらローテクからハイテクへと移行しつつある．そこで問題となるのがほかならぬプログラミングの「圏論化」である．
　「圏論化」とは，一言で言えば，今まで，「集合と写像（= 関数の一般化）」で考えていたものを「対象と射」という，より広い範囲で考えるものの見方である．かつて人文系でいうところの，脱構築の（類似の）流れは，数学にも起こっており，静的なものの見方から動的なものの見方への転換とでもいうべき現象が生じている．これらは対象を扱うために，その対象そのものが入

る容れ物を随時取り替えることにより，あらゆる見方とスイッチする（入れ替える）ことを可能にした．大学に入学すると，人文系だけでなく誰もが大学1年次に「すべてを相対化して考える」ことの基本を学ぶ．「圏論化」とは，数学における，その一つの具現化にほかならない．

結び目における「圏論化」は，数学史の一つの金字塔である「ジョーンズ多項式の発見およびその後の研究者たちによる爆発的な研究の進展」というものを，より俯瞰的な立場で代数構造として見直すことを可能にした．これは，例えば結び目の複雑さを捉える，結び目に張った（石鹸膜に例えられる）曲面の状態を，精密に評価しながらも簡単に理論展開できるものの見方を与えた．これには，数学史上長らく難問であったものの再証明も含まれている．「圏論化」は，新たな数学の発見だけでなく，これまでの「定理の見直し」を可能にしたのだ．

一方，ちょっとした問題もでてきた．このように数学が「圏論化」していくことで道具も目標も，より広い範囲の人々のものになったにもかかわらず，なぜかわかりにくくなってしまった，という人もいるようなのだ．そのために，本書がある．一見いかめしく怖そうな理論「圏論化」が，実は対象（結び目）の謎により近づくための大切な手段なのだとほんのり感じ取っていただければ，本書の目標は達成されたことになる．

筆者が特に注意を喚起しておきたいことは，「圏論化」することによって初めて見えてくる数学がある，ということの意味である．数学では分野横断的にあちこちで「圏論化（カテゴリフィケーション）」というものの見方が時代の要請となってきた．そして今現在，時代の流れも情報量の増加も加速している．我々は，時間の流れおよび情報増大のスピードに対応して高度化する数理科学を含む諸科学を柔軟に受け止めていくことや，付き合い方を考えていくことが求められている．数学は時に他の科学と協働して素晴らしい数理科学の成果を生むかもしれないし，あるいは芸術に影響を及ぼすこともあるかもしれない．そういう中で，数学はこれからも，その「発想の自由さ」を失わない文化を保持しつつ，純粋な部分を内包しながら発展していってほしいと筆者は願っている．

筆者にとってこれは逆説ではない．研究者にとっては，何かに役に立つ（誰かのための）「2人称の数学」はいつだって，同時に自らが魅力的な問題を投げかける（数学による数学のための）「1人称の数学」として育っていくも

のなのだから.

　結び目理論の発端は「世界は結び目でできている」という,かのケルヴィン卿の物理仮説にある.その物理仮説は,120年ほど前に間違っていたことがわかり,そこから結び目研究は「1人称の数学」として生き残り,「受難の時代」を過ごした.しかしながら,それは現代ではDNA分析,材料科学,量子コンピューティング,竜巻現象,宇宙論といったミクロからマクロにまで浸透し,「世界は結び目でできている」という認識として,もはや常識へと変貌しつつある.ある「間違い」から120年かけて「1人称の数学」が「2人称の数学」を生み出し,大きなうねりとなりつつあるのだ.このことは現代の我々に重要な示唆を投げかけている.この示唆を汲んだ現在進行形の「数学の生き様」を,本書の随所にちりばめたつもりである.

　このような時代に,「結び目の圏論化」の本を書くことができる,あらゆる意味での幸運に筆者は今,感謝している.

励ましてくれた銀杏並木に感謝しつつ
2018年1月　著者

目次

はじめに……i

第I部
圏論化への道標
結び目を出発点に……001

第1章 旅立つ前に……002

    1.1 本書の見取り図……002

    1.2 本書の読み方——数学の2通りの勉強法……004

第2章 旅を楽しむための1週間
やわらかい数学と1本のひも……006

    2.1 集合と結び目に慣れる2日間(1日目)……006

    2.2 集合と結び目に慣れる2日間(2日目)……009

    2.3 ホモロジーに親しむ5日間
        (1日目:ホモロジーとは)……014

    2.4 ホモロジーに親しむ5日間
        (2日目:三角形のホモロジー計算)……020

    2.5 ホモロジーに親しむ5日間
        (3日目:球面とトーラスのホモロジー計算)……022

    2.6 ホモロジーに親しむ5日間
        (4日目:整数係数のホモロジー)……024

    2.7 ホモロジーに親しむ5日間
        (5日目:コホモロジーとは)……030

    2.8 付録:初学者のために——曲面の展開図の書き方速習法……036

第3章 ジョーンズ多項式の登場……042

- 3.1 **1984年の衝撃**……042
- 3.2 **ジョーンズ多項式の定義**……044

第4章 ジョーンズ多項式の分析……051

- 4.1 **1984年の多項式は一体何だったのか？**……051
- 4.2 **ジョーンズ多項式の分析**……051
- 4.3 **行列からジョーンズ多項式を見てみる**……058
- 4.4 **組み紐群とジョーンズ多項式**……064

第5章 ジョーンズ多項式の圏論化……070

- 5.1 **2000年の衝撃**……070
- 5.2 **カウフマンブラケットの形の観察1**……071
- 5.3 **カウフマンブラケットの形の観察2**……073
- 5.4 **カウフマンブラケットの圏論化の方法**……075
- 5.5 **整数係数のホモロジーへの拡張方法**……082
- 5.6 **ジョーンズ多項式の圏論化の方法**……083

第6章 圏論化がもたらすもの……086

- 6.1 **結ばれ方を捉える結び目解消数，種数，そしてミルナー予想**……086
- 6.2 **圏と函手**……090
- 6.3 **共変函手のごく身近な例**……093
- 6.4 **反変函手のごく身近な例**……094
- 6.5 **ホモロジー函手**……097
- 6.6 **ホモロジー函手とミルナー予想の再証明**……101
- 6.7 **結び目からナノワードの圏論へ**……133

第Ⅱ部
2016年結び目の旅……139

第Ⅱ部のはじめに——単行本化の注釈……140

第7章 結び目の影を追いかけて……141

- 7.1 結び目射影図……143
- 7.2 ライデマイスターの定理……144
- 7.3 RⅠの禁止……146
- 7.4 RⅢの禁止……148
- 7.5 RⅡの禁止……149
- 7.6 定理7.1の証明……150
- 7.7 定理7.2の証明……153
- 7.8 本章のまとめ……154

第8章 1927年から1937年への旅……155

- 8.1 記号の定義……155
- 8.2 1927年のライデマイスターの定理……156
- 8.3 学生さんからの質問……157
- 8.4 回転数がRⅡとRⅢで不変であること……158
- 8.5 平面曲線のRⅡとRⅢにおける分類……159
- 8.6 球面上の結び目の影に対する回転数……166
- 8.7 本章のまとめ……167

第9章 1937年から1997年への旅……168

- 9.1 1997年までの旅……168
- 9.2 RⅠ, RⅡによる結び目の影の分類定理……169
- 9.3 定理9.2の証明……170
- 9.4 命題9.1から定理9.2……170
- 9.5 命題9.1の証明……171

9.6 補足……181

第10章　1997年から2015年への旅……183

10.1 未解決問題へ……183

10.2 2種類のRⅢ……183

10.3 (RI, weak RⅢ)と(RI, strong RⅢ)……185

10.4 コード図……187

10.5 不変量の導入……189

10.6 定理10.1の証明……195

10.7 定理10.2の証明……195

第11章　2015年の旅……199

11.1 不変量を用いない結び目の影の旅……199

11.2 復習：RIとstrong RⅢでいつ○にできるのか？……199

11.3 一般化定理……200

11.4 定理11.2の証明……202

11.5 命題11.1の証明……203

第12章　旅の行き着く先……210

12.1 定理12.1の証明……211

12.2 まとめ……218

12.3 第Ⅱ部全体の参考文献……219

おわりに……221

参考文献……225

索引……228

第Ⅰ部

圏論化への道標
結び目を出発点に

第1章

旅立つ前に

1.1 本書の見取り図

本書の見取り図について記述する．図1.1を眺めながら以下を読んでほしい．

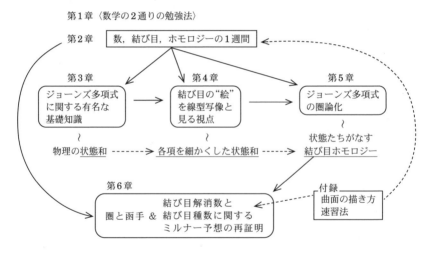

図1.1 本書の見取り図

第1章（今読んでいる章）は，本書の概要を説明し，読者自身がこの本の読み方を決めていく章である．

第2章は，数の集合，結び目の集合をお話として知る2日間，ホモロジー・コホモロジーを真剣に速習する5日間の節からなる．ホモロジー・コホモロジーというと名前がなんとなく高貴な感じがする[1]ので，後ずさりしてしま

う人も多いかもしれないが，定義と直接計算自体は（おそらく想像するよりも）難しくない．ぜひ，親しんでほしい．これを少しかじっただけで「圏論」の旅の風景は異なる．まるで，白黒だった世界が鮮やかな色に染まっていくかのように，である．

付録では，第2章で使う曲面の展開図の書き方を速習する．このことによって，第6章のクライマックスにおける，空間内の結び目を境界とする曲面への足がかりをつくってほしいと願っている．

第3章は，ジョーンズ多項式という結び目理論の中で有名な結び目不変量の定義（の2例）を紹介し，結び目不変量であることを証明する[2]．ジョーンズ多項式の登場（1984年）とその前後の時代はあらゆる意味でトポロジーというものが動き，ショックを与えられた時期である．このことを振り返る章である．

第4章はジョーンズ多項式というものが実は行列の理論と深く関係していることを第3章の定義を素朴に観察することで理解する章である．この4章は急がず進んでいる．それは，次の第5章における圏論化の発想がいかに自然なものであるかを感じ取っていただくためである．冒険であると同時に新たな幕開けを予感させる章である．

第5章は，第4章の素朴な観察からえられたジョーンズ多項式の構造が，実は圏論化という視点の扉を開くことを見抜いていく．図らずも2000年以降，第2のショックがこの圏論化によって与えられた．筆者が研究を始めた頃は圏論化全盛であり，何かの研究が出るたびにその研究が圏論化とどう結びつくのか？ということを考えていた時代である．そういった興奮が伝わると幸いである．

第6章は，第5章（ジョーンズ多項式の圏論化）がどれだけ利益をもたらすのか，その利益のごく一例を見る．まず圏と函手について具体例を通して学び，次に圏と函手という考え方が具体的な結び目の問題を解き明かすようすを学ぶ．また，ナノワード理論という圏と函手の構造を豊富に含み，かつ結び目の情報を丸々含んだ新しい理論の一端を垣間見る．筆者がギリギリまで圏と函手の定義を後ろに回したのは，生きた概念として読者の心に残したか

---

1) 実際，高貴である．
2) 第3章では，アレクサンダー多項式というものをジョーンズ多項式との比較のために定義と特徴を少しだけ紹介している．そこでの扱いが小さくなってしまったのは，不本意であることをここにお詫びしておく．1928年にジェームズ・ワデル・アレクサンダー（J. W. Alexander）によって発見された[1]アレクサンダー多項式というものは，それ自体が十分魅力的で現在も活発に研究されているものである．もしも結び目理論自体を深く追求するのであれば，結び目に関してあらゆる表情を見せるアレクサンダー多項式も学んでほしい．

ったからである．

1.2 本書の読み方
——数学の2通りの勉強法

　高等数学の理解の方法は少なくとも2通りある[3]．

　1つは現代的な数学の方法にしたがって集合論をある程度理解した後で線型代数と微積分の基本を身につけ各専門分野を理解するという大学のカリキュラムに沿うオーソドックスな道である．

　2つ目は，分野が活発に動いている最先端の領域[4]ではよくある方法であるが，自分の専門分野（テリトリー）を基本とし，そこに結びつけて既にもっている論理的実感から理解を進めていき，次第に隣の領域たちを徐々に理解し，最後には雪崩を打って一定の理解を得る時期を早める方法である．これは実感や体感を大事にしつつ，自分なりに納得（この納得は，数学研究者の場合は論理的に納得することと等価である）していく，という方法である．

　2番目の方法にはその人の独自性（個性）が現れる．そのときに数学研究者の個性が見えるといってもいい．その独自性の視点が新しい数学を生んでいくのだろう．数学研究者の中には，1番目の方法から独自な数学を構築する場合があるが，それはもはや定理をつくるというよりは理論をつくっていく形になる．それは大変素晴らしいことであるが，一生のうちにいくつできるかどうか，ということになろう．

　この本は数学研究者向けではない（そもそも数学研究者は整数や有理数，あるいは曲面の分類が何であるかを知っている）．まだ見ぬ教科書の続きを創生していく数学研究者になるため，徹底的に深い理解を得るには筆者は第1から第2の方法へ移る方法，すなわちオーソドックスに数学の基本的な科目を学び，1年に1冊というペースで専門書をごまかさずに読むという方法が正しい道のような気がしてくる[5]．しかし数学がきわめて広範囲にしかもある程度のスピード感をもって必要とされている現代，そうもいっていられなくなっている現状・現実がある．本書は，忙しいエンジニアが仕事の合間に，あるいはチーム内でセミナーするために手っ取り早くご自分のスタンスで概念を大づかみし，仕事に応じて特に必要な部分が出てきたら改めて丁寧に論理を追うことを想定している．

今後，使われる数学がより高度化し，その差異によって利益が生み出される時代が到来してもなんの不思議はない．数学によってビジネスがなされていることは海外や水面下では常識であったが，いよいよ日本でも大っぴらに数学によって弱肉強食の時代が来て，それを乗り切らなければなるまい．
　上記の理由から，この本では「王道＝数学修行」は要求しない[6]．
　そういうわけで，ここでは（「やむにやまれず，それでも」数学ロードを突き進みたい人・運命的に突き進まなくてはいけなくなった人[7]以外は）なるべく第2の方法をとることをお勧めする．そうして2000年以降のモダンな数学がどう動いているのかを結び目を通して「体感」していただけるようであれば，甚だ幸いである．

---

3) 世の中には，あまり苦労なしに数学の専門書を理解していく人がいる．例えば少なくとも何年か当該分野で数学研究を行っている人はそうだし，一部の人は数学を学び始めてから比較的早い段階からそういう感じのようである（もちろん筆者はそうでなかったので想像するのみである）．本節はそういう人を想定していない．専門書を前に誤魔化さずに読もうすると，1ページ読むのに若干苦労するくらいの初学者を想定して書いている．
4) 例えば，何が基本であるかさえ定まりきっていない生まれたての数学領域は当てはまるようにおもう．
5) わざと急がない．自分で考える余裕（たわみの時間）をつくることで，独自の視点をいれて理解を深めるのである．
6) 筆者にとって数学修行は，ある一定の青春のときに，やむにやまれずその道に来た（運命的に来てしまった）求道者が進む道であるような気がしてならないのだ．そのくらい覚悟のいる，冷たく，厳しく，激しい道である．そのような道を突き進む，学問に生きる若者が近くにいるとしたら，その人をどうか励ましてほしい．そういう人こそが0から1，あるいは1から2を生み出すような数学を創り，世の中を支えていくのだから．その人はおそらく，生きている中で数学しかやってない．また，青春時代のすべてを賭けている（あるいは，賭けた）であろう．今も見かけるときは大抵難しい問題とともに散歩していることだろうが，どうか温かい気持ちで応援してほしいのである．
7) なんとなく悲壮感が漂うようであるが，必ずしもそういう意味ではない．たまたま筆者は何らかの覚悟をもって「数学道」を望んだのであるが，筆者の友人たちで（良い意味で）もっと気を楽にもってやっている人々は数多く，筆者は見習うべきである．また，筆者が訪問した海外の，とある数学大学院では，進路に有利だということで他分野から数学の大学院に押しかけるような状況であった．これからますます数学は社会に必要とされていくだろうから，「導かれて」数学入門していく人が増えるのではないかと考えられる．

第2章

旅を楽しむための1週間
やわらかい数学と1本のひも

　結び目は1本の紐である．しかし，もし，この1本の紐をたどっていくだけで，地球を飛び出し，宇宙の彼方へとたどり着くことができるとしたら，あるいは，我々の見えない微小な場所へとたどり着くとしたら，あなたはどう感じるだろうか．

　春になると，あなたは1本の桜を眺めるかもしれない．そこで，大岡昇平[1]のように人間の風景を展開して嘆息する人もいるだろうし，梶井基次郎[2]のように桜とその背景を全体的にとらえようとする人もいるだろう[3]．

　実は，結び目の研究もやっていることは近い．1本の紐を眺めているだけでなく，紐を動かすこと，紐を外側からみること，自分が細い紐に入ったと思って紐の内側から見ること，紐を点が通過していく道だと思うこと，実にさまざまなことを行う．

　数学研究というと，ウェルテル[4]のように一途に思い込んだら一直線，ということを思い浮かべる人もいるかもしれないが，数学研究では一筋の直観を得たら問題を多角的に見つめて証拠が出そろった後で再検証，ほかの研究者と議論をしたり文献を読んでひたすら再反省，ということで論理を明確化する作業を行う．このようなきわめて人間臭い作業の後で，数学が洗練化される．「旅の道具」は先人の努力の跡にほかならない．

2.1　集合と結び目に慣れる2日間(1日目)

　集合とはものの集まりのことである[5]．集合を構成する「もの」を元[6]と呼ぶ．ものが5個であったら，それらに名前をつけて，$\{a,b,c,d,e\}$ とすべて書き出すことで数学的にはっきりと表示できる．集合 A に対して，a が，A の元であることを論理的にはっきりいうためには，$a \in A$ と書く．この否定，

すなわち集合 A に対して a が A の元でないことは $a \notin A$ と書かれる．数学的な記号が不得手な人もいるかもしれないが，これだけで，随分と数学的な議論の範囲が広がる．少し先走って言うと，現在の「結び目の数学」は大変広範囲なものであり，何か得意なものがあれば，関心をもって勉強を入り込ますことができる分野である．

このとき，a や b はどれも元と呼ぶ．無限個だったら，どうだろう？ みなさんは多分，子供の頃に，$1, 2, \cdots$，と数え上げたことがあるだろう．100 まで数えると，この世には，どこまでも数があると感じたことがあるのではないだろうか．ここで数えているのは正の整数であり，自然数と呼ばれるもののことである．

このような自然数だったら，例えば5の次は6，というのと同じような形で「n の次は $n+1$」と捉えられる[7]．そういうわけで，自然数すべてからなる集合は $\mathbb{N}$ と表示される[8]．

ところで，集合 $\mathbb{N}$ の元を n とすると，$-n$ が考えられる．そこで，それら負の数と，零をすべて仲間にした数の集合を考える．それを整数と呼び，整数すべてからなる集合を $\mathbb{Z}$ と書く．

ここらあたりで，「仲間にする」というような曖昧な言い方を避けたくなってきた方は，だいぶ論理を重用する生活に慣れている方である．少し頑張って負の数の集合を書いてみよう[9]．集合は先ほどのように $\{a, b, c, d, e\}$ とすべて並べて書いてもよいのだが，これは万能ではない．例えば，$\{1, 2, 3, 4, 5\}$ という集合を D と書いたとして，$y = x^2$ という x に1や2を代入したときの値の集合をはっきり書くためには，人によっては計算してしまって $\{1, 4, 9, 16, 25\}$ と書く人もいるだろう．しかし，条件が難しくなる場合も想定して，
$$\{y | y = x^2 \text{ かつ } x \in D\}$$
といった形で，

---

1) 『花影』[36] を一度手にとるとわかる．
2) 著名な『桜の樹の下には』[37] 参照．
3) 筆者は大岡昇平や梶井基次郎の研究者ではないので，これらはあくまで筆者の主観である．読者の皆さんの印象と違っていたらご容赦願いたい．
4) 『若きウェルテルの悩み』[38] 参照．
5) 集合全体からなる集合を考えるとおかしなこと（ラッセルの背理）がおきるが，ここでは立ち入らない．例えば[26]の序章を参照のこと．
6) 教科書によっては「要素」と呼ぶ．
7) ここで少しだけレベルを上げて，数を文字で置き換えている．「代数」を例えば「数をおき代える」と読むように「数を文字で置き換えて考える」ということが数え上げる数学の基本の一つである．
8) ここで，0が自然数であるかどうか，という問題が発生し，筆者の身近でも1年に何回か話題になるのだが，筆者は歴史的な経緯に通じていないのと，小学校就学前に0から数え上げている子供が少ない気がするので，ここでは入れていない．
9) 本来，「負の数」の概念も数学的に割と容易に導入されるのだが，ここでは立ち入らない．

$$\{元 | 元が満たす条件\}$$

の形で書く方法も覚えておいた方が何かと都合がよい．すると，負の数の集合は $\{-n | n \in \mathbb{N}\}$ となる．

集合 A と集合 B の元すべてからなる集合を $A \cup B$ と書く．この記法を使うと，整数すべての集合 $\mathbb{Z}$ は，$\mathbb{N} \cup \{0\} \cup \{-n | n \in \mathbb{N}\}$ として定義されたということになる．次に有理数はどうであろうか？ 有理数はすべて $\frac{n}{m}$ (m, n は自然数) という形で表されることを知っているとすると，

$$\left\{\frac{n}{m} \middle| m, n \in \mathbb{N}\right\} \cup \{0\} \cup \left\{-\frac{n}{m} \middle| m, n \in \mathbb{N}\right\}$$

で良さそうな気が一瞬するのだが，このままではまずい．これは例えば $\frac{3}{6}$ と $\frac{1}{2}$ を違うものとしてみているのか，同じものとしてみているのか不明確である．数学的には，「集合の元はすべて互いに異なるものを考える」ので，この集合を同一視するルールをはっきり書くか，もしくは最初から誤解がないように明示すべきであろう．2つの自然数 m と n が与えられたとき，m と n の最大公約数が1であるようなとき，「m と n が互いに素である」という．この言い方により，有理数すべてからなる集合は

$$\left\{\frac{n}{m} \middle| m, n \in \mathbb{N},\ m と n は互いに素\right\} \cup \{0\}$$

$$\cup \left\{-\frac{n}{m} \middle| m, n \in \mathbb{N},\ m と n は互いに素\right\}$$

と表示すればよい．有理数すべてからなる集合は記号 $\mathbb{Q}$ により記述される．

注意深い読者は，有理数は数直線[10]上でスカスカになっていることに気づく．これを補う「無理数」という概念があり，これは分数 $\frac{n}{m}$ の形で表すことはできない数のことをいう．例えば $\sqrt{2}$ は無理数である．この数直線をびっちりなるようにする[11]と，実数のすべて（実数全体という）を考えることができる．したがって，実数を考えることはなかなかハードルが高い．しかし，小学生の頃に 30 cm の定規を持ち歩くような現代日本では，実数というものを実感するのにハードルが低くなっている[12]．筆者は集合論の初歩を展開して実数を「つくる」こともできるのだが，それは少なくともここではしない[13]．実数を「実感」できていれば，論理的な理解は早いと考えるからである．それはこの本で重きをおく目標が「結び目を通して圏という考え方を体感する」ことであることと似ている．実数のすべてからなる集合は $\mathbb{R}$ と記

述される.

このように「体感優先」で考えると，複素数もなんてことはない．見慣れた xy-平面を使って，$\{x+iy \mid x, y \in \mathbb{R}\}$ を考えることで集合自体は記述できるからである．ただし，ここで $i=\sqrt{-1}$ であり少し奥が深い数字である．また，複素数は演算込みで考えていることが多いのであるが，とりあえずここでは演算を考えずに集合を書いている．複素数すべてからなる集合を $\mathbb{C}$ と書く．

2.2 集合と結び目に慣れる2日間(2日目)

次に，結び目すべてからなる集合というものを考えてみよう．これはどのような表だろうか？ よく知られている部分，簡単なものから書き出していくと表2.1のようになる．

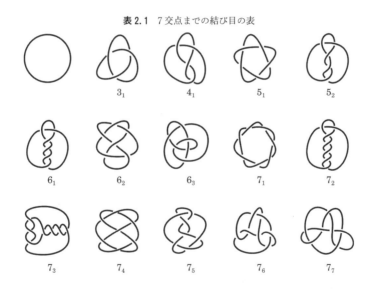

表2.1 7交点までの結び目の表

---

10) 中学校で習う xy-平面で $y=0$ とした直線のこと．
11) 完備化という方法を使う．
12) 全国の小学校の先生には頭がさがる想いでいっぱいである．
13) 筆者も30代になった．20代のころであれば，集合論(といってもその初歩なのであるが)を展開しなければ気が済まなかったであろう．これが年をとる，ということなのだ．(本来はそうしなければならないとは思いつつ)すべてのことを徹底的に厳密に書かなくても，あるいはもしかしたら本当は数学としてはあやうい箇所があるのかもしれないが，とりあえずこの「世間」は回っている．例えば計算に1年かかる厳密なプログラムと，計算が数秒で終わるが，100パーセントに近い信頼を得るには10回チェックしないといけないプログラムが，あったとしたら，あなたは，どちらを選ぶことができるか，という問題があったとする．20代だと前者を選ぶかもしれない．年をとると実用面でなんとなく後者を選んでしまいがちだ．

表 2.1 にあるように結び目は平面への適切な投影図により研究されることが多い．投影図を描くルールとしては

(1) 紐の重なりとしては横断的な 2 重点のみ（3 重点，接点が現れない）で，
(2) 2 重点における紐の上下は明示され，
(3) 2 重点以外では投影図上の点と空間内の結び目の点が 1 対 1 に対応（どちらかの一点が決まると他方の点も 1 点に定まる）

している．このような結び目の投影図を**結び目射影図**と呼び，文脈に応じて**結び目図式**とも呼ぶ[14]．

19 世紀にケルヴィン卿が「世界は結び目でできている」という物理の予想（エーテル仮説）を立てて以来，結び目の表は作成されてきた．ケルヴィン卿ことウィリアム・トムソン (W. Thomson)，ジェームズ・クラーク・マックスウェル (J. C. Maxwell)，ピーター・ガスリー・テイト (P. G. Tait) という物理学者が，手がかりがほとんどない状態で簡単と考えられる結び目から表を書き出していったと想像される[15]．そしてそれは困難をきわめたに違いない．読者ならば，どのようにこの集合を記述するだろうか？ 表 2.1 において，5_1 と 7_1 は仲間に見えるので，一般化できそうだ，5_2 と 7_2 もグループを成しそうだ．そして，このグループは確実に無限個ありそうだ…．となかなか手ごわいことに気づくだろう．結び目の研究者なら，この表を明確に記述する（リストアップ）にはどうしたらよいかを，一度は真剣に考えたことのあるに違いない．

しかしながら，集合の元，すなわち「結び目すべて」を記述しきることは，先人たちの苦闘にもかかわらず難問のままである．

そういうわけで，まずは一つの結び目を見つめてそれがどのように数学的に扱われているかを考えていくことにしよう．以下，次節のホモロジーの話に入るまで，地味に話を進めていくので，パラパラと眺めたい人は肩の力を抜いて読んでほしい．

結び目というのは 1 本の閉じた紐のことである．紐はゆらゆらと動かすことができて，無限の形をとる[16]．そこで，「一つの結び目型 (knot type)」を取り扱うためには，動きによって変化する無限個の結び目の形態を同一視する

見方(パースペクティブ)が必要となる．次の約束をしておこう．数学では議論を進めるときの「約束事」が「数学的に厳密に表わされたとき」,「定義」と呼ぶ[17]．例えば次のようにやるのはどうだろう？

約束事 2.1

2つの結び目が同値であるとは，2つの結び目を連続的に変形させて，ぴったり重ねることができることである．

数学研究者は，この「連続的に」,「ぴったり」ということに曖昧さを覚えるため，次のように「約束」をすることが多い(「今はそこまではいいや」という人は，一瞥して次節に進んで欲しい)．約束事が数学的に決まる場合は「定義」ということにするのが，数学界のルールである．初めて大学レベルの数学を目にする人は恐ろしいかもしれないが，経験だと思って3つほど，定義を眺めてみよう．

定義 2.1

写像 $f: \mathbb{R}^3 \to \mathbb{R}^3$ が同相写像であるとは，全単射連続写像であり逆写像も連続であるもののことである．

定義 2.2（結び目の同値性）

K と K' を2つの結び目とする．すなわち，2つの埋め込み $f_K: S^1 \to \mathbb{R}^3$ と $f_{K'}: S^1 \to \mathbb{R}^3$ のそれぞれの S^1 の像を記号を対応させて前者を K，後者を K' と書くことにして，どちらも結び目と呼ぶことにする．このとき，K と K' が同値であるとは，滑らかな連続写像

---

14) 絡み目については定義 6.22 を参照．
15) [2] を参照した．
16) この「無限の形をとる」ということこそ，数学的な難しさの根源であり，しかし同時に多くの応用可能性をも約束する，非常に強力な概念なのだ．無限の形をとること自体が手強いが，この概念は役立つものなのだ．
17) 私の友人に文化人類学や美術史，表象文化論などの専門家たちがいるため，筆者が気になるポイントを注意しておく．まず，数学では「フィクション」として，一意的な意味を表す「コトバ」が存在する．それはフリードリヒ・ニーチェ (F. W. Nietzsche) がいうような「存在の信認」への「信認」という無限段階がある遡求とは違う．数学のテクストは，非常に拘束力が強く，そこではコトバが一度定義されると，一切の揺らぎがなく世界中でその意味が再生産される，ということになっている．数学という学問に入門を果たしたばかりの時点では，このコトバの拘束力に反発を感じるかもしれない．しかし，前向きにとらえることで数学の扉は開けるのである．強力な拘束力を持つテクストのおかげで数学は文字通り議論を積み重ねられる．また，数学には数学基礎論という分野があるほど自己反省的であり，定義や論理のあり方を自己言及的に研究することが可能である．例えば，無限回こま結びした紐は幾何としてどうやって扱うか？というやや難解な問題を解くためには，数学基礎論的な見方が必要といえる．

$$F:\mathbb{R}^3\times[0,1]\longrightarrow\mathbb{R}^3\,;\,(x,t)\mapsto F(x,t)$$
が存在して，各 $F(x,\cdot):\mathbb{R}^3\to\mathbb{R}^3$ は同相写像で，$F(K,0)=K$ かつ $F(K,1)=K'$ を満たすことをいう．

もし考えている S^1 に向きが入っていたら，次のように向き付きの結び目とその同値性が考えられる．

定義 2.3（向き付き結び目の同値性）

K と K' を 2 つの向き付き結び目とする．すなわち，考える定義域の S^1 に向きが入っているとして，2 つの埋め込み $f_K:S^1\to\mathbb{R}^3$ と $f_{K'}:S^1\to\mathbb{R}^3$ のそれぞれの S^1 の向き付きの像に対し，前者を K，後者を K' と書くことにして，どちらも向き付き結び目と呼ぶことにする．このとき，K と K' が同値であるとは，向きを保つ滑らかな連続写像
$$F:\mathbb{R}^3\times[0,1]\longrightarrow\mathbb{R}^3\,;\,(x,t)\mapsto F(x,t)$$
が存在し，各 $F(x,\cdot):\mathbb{R}^3\to\mathbb{R}^3$ は同相写像で，$F(K,0)=K$ かつ $F(K,1)=K'$ を満たすことをいう．

久しぶりに数学を覗いて見たら，なんと「滑らか」とか，「連続写像」(しかも多変数！)とか難しそうだな…と感じた人は**ここで本を閉じないで欲しい**．定義 2.2, 2.3 が何もわからなくてもこの本は読むことができる．これらの用語説明は第 II 部に入るときに改めて記述するが，ここでもその定義方法を簡潔に紹介しておく．

定義 2.4

空間 $\mathbb{R}^3$ 内の有限個の向き付き線分を考える．各線分は向きにより，向き付き線分とみなすことができるため，線分の境界の 2 点は，一方を始点，他方を終点と呼ぶことにする．このとき，ある線分の始点は，あるちょうど一つの線分の終点と点と同一視する．かつ，ある線分の終点は，あるちょうど一つの線分の始点と点と同一視する．出来上がった，有限個の線分からなる空間内の集合を**向き付き折れ線結び目**と呼ぶことにする．ある向き付き折れ線結び目 K のすべての線分の始点と終点を反対にして得られる向き付き折れ線結び目 K' を同一視し

た場合は，単に(向き付きでない)**折れ線結び目**と呼ぶことにする．向き付き，または，向き付きでない折れ線結び目をなしている線分たちの一つ一つを**折れ線**と呼ぶことにする．

定義 2.5

2つの折れ線 e と e' がちょうど1端点で同一視されているとする．局所変形 Δ とは，折れ線結び目に対する局所変形で e と e' を引き抜いて，ある折れ線 e'' に置き換えて新たな折れ線結び目を構成することと，その反対操作の総称のことである(図2.1)．ただし，e, e', e'' が張る三角形と向き付き折れ線結び目は共通部分をもたない．向き付き折れ線結び目を考えているときは e, e', e'' が矛盾のない向きであるように定義するものとする．

図 2.1 空間内の局所変形 Δ (2つの折れ線を1つの折れ線に置き換える操作，またはその逆操作) (e, e', e'' がなす三角形と動かしている向き付き折れ線結び目が交わらない)．

定義 2.6

K と K' は2つの向き付き折れ線結び目とする．K と K' が等しい(または同値である)とは，有限回の空間内の局所変形 Δ で移り合うことである．

向き付きでない折れ線結び目についても，局所変形 Δ は同様に定義される．読者は試みられたい．

この章では，ホモロジーの定義をもっとも基本的な例を見ながら紹介し，ほかの章の理解を深めるために**直接計算**の練習をする．ホモロジーやコホモロジーというと**一般的な定義を見るとくじけてしまう読者がいることを筆者はよく知っている**ので，具体的なものを見ながら述べていくことにする．**ホモロジー**というものは，幾何的な対象 D に対してアーベル群 $H(D)$ (ホモロジ

一群)を与える概念である[18]．コホモロジーもまたそうである．よく知られているように，ホモロジー群やコホモロジー群というものは，幾何的に関連付けられるホモロジー群やコホモロジー群が計算できていると芋づる式にほかのホモロジー群も計算できたりするものなのである．しかし，ここではその前段階のレベルを想定し，**とりあえず，ホモロジー群やコホモロジー群をまったく計算したことのない人が，それらをイメージできるようになる**ことを目標にしている．

まず，境界のない向き付けられた曲面の簡単な例として球面 S^2 とトーラス T^2 がある．それらは，（数学の中でも，もっとも馴染みがあると思われる）多角形を使って描き表わされることが知られている（図2.2，余裕がある人は付録となる第2.8節も参照されたい）．このホモロジー群を計算できれば，このクラスの曲面は類推して計算ができたりするものである．

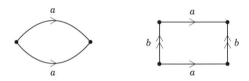

図2.2 多角形で表される球面(左)とトーラス(右)．同じラベルは同一視される辺．

2.3 ホモロジーに親しむ5日間 (1日目: ホモロジーとは)

何事にも，準備運動をしておかないと思わぬ怪我をする場合がある．そこで，筆者はもっと基本的なホモロジーの定義と記号を準備し，三角形のホモロジー群を扱っておくことにした．

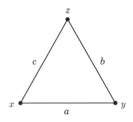

図2.3 頂点 x, y, z，辺 a, b, c から構成される円周(三角形)．

もっとも馴染みが深い図形に三角形で表される円周(S^1 と書く)がある[19]. 図2.3をみると, これは, 例えば, 3つの辺と3つの頂点からなる.

頂点からなる集合を $\mathcal{S}_0$, 辺からなる集合を $\mathcal{S}_1$, 面からなる集合を $\mathcal{S}_2$ とする[20]. 集合 $\mathcal{S}_i$ ($i=0,1,2$) の元は i-**単体**(**simplex**) と呼ぶ. この章(第2章)のみの約束として $i<0$ または $i>2$ のときは形式的に i-単体の集合 $\mathcal{S}_i$ を考え, $\mathcal{S}_i = \emptyset$ とする. i について言及しないときは, 単に単体という.

具体例 2.1

図2.3の三角形について

- 0-単体は x, y, z.
- 1-単体は a, b, c.
- 2-単体はなし.

この $\mathcal{S}_i$ ($i=0,1,2$) にアーベル群の構造をいれる[21]. イメージを述べよう. 元たち $c_0, c_1, \cdots, c_m \in \mathcal{S}_i$ に対して $\delta_j = 0$ または 1 ($j=1,2,\cdots,m$) とするような

$$\delta_0 c_0 + \delta_1 c_1 + \cdots + \delta_m c_m$$

なるタイプの元たちを考えよう. これらは「どの単体 c_j を(厳密には奇数回)選択しているか」というものを表示している.

例えば, 図2.3の三角形 $\triangle xyz$ (辺は a,b,c)とその鏡像 $\triangle x'y'z'$ (辺は a', b', c')を考えよう. このとき, 2つの三角形を b と b' をぴったり重ね合わせて貼り合わせた四角形(頂点は x,y,z,x', 辺は a,c,a',c')を考える. これは1単体
$$a+b+c \quad \text{と} \quad a'+b'+c'$$
について b,b' を同一視したものだから $b+b' = b+b = 0$ となり残りは
$$a+c+a'+c'$$
ということになることが実感できる(図2.4, 次ページ).

ここで, C_i は
$$\{\delta_0 c_0 + \delta_1 c_1 + \cdots + \delta_m c_m \mid \delta_i = 0 \text{ または } 1\}$$

---

18) 圏論としては, ここで H というものが函手というものを与えることになる. 函手というものは2つの圏(考える数学の設定)の類似性を数学的に厳密に述べる概念である. 第6.2節で詳しく扱う.
19) 円周にはもっと簡単な分割方法があるが, 筆者は少し悩んだ上であえて三角形を選んだ.
20) 頂点, 辺, 面を考えるだけでも, 切り口を結び目とする曲面のような, すぐにはわかりづらい物体を扱えるのであるからとりあえずこれで十分である.
21) 専門家向けに述べると「$C_i := \mathbb{Z}_2[\mathcal{S}_i]$ とする」と一言で済むところであるが, 意味不明だと感じた人は本文をゆっくり読み進めてほしい.

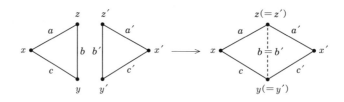

図 2.4 辺 b と辺 b' の同一視

に次の二項演算 + を許すものと定義する．

(1) $c+c' = c'+c$ (可換性).
(2) $c+(c'+c'') = (c+c')+c''$ (結合律).
(3) $0 \in C_i$ が存在し，任意の $c \in C_i$ に対して $0+c = c+0 = c$ (単位元の存在).
(4) 任意の c に対して，ある c' が存在して，$c+c' = 0$ (逆元の存在).

話を簡単にするために，次も仮定する．

(5) $c+c = 0$.

上記の定義から C_i ($i = 0, 1, 2$) はアーベル群であり，その元は i-**チェイン**(鎖)と呼ぶ[22]．i について言及をしなくてもよいときは，単にチェインと呼ぶ．また，元 0 だけからなるアーベル群は単に 0 と書くことは慣例であるので本書もそれに従う．

具体例 2.2
図 2.3 の三角形について

- 0-チェインは $0, x, y, z, x+y, y+z, z+x, x+y+z$.
- 1-チェインは $0, a, b, c, a+b, b+c, c+a, a+b+c$.
- 2-チェインは 0 のみ．

i-チェイン ($i = 0, 1, 2$) は $\mathbb{R}^3$ に埋め込まれていることを前提に話を進め

る[23)].

次に C_k を定義域とする**境界作用素(boundary operator)** ∂_k という（最初に日本語名を見たときには若干いかめしいが英語名は馴染みやすい名前の）写像を導入する．C_k の単体 s に対して，s に含まれる $(k-1)$ 単体の総和を $\partial_k(s)$ と書くことにする．このとき ∂_k を
$$\partial_k(s+s') = \partial_k(s) + \partial_k(s')$$
を満たすとする（すなわち ∂_k を加法に関して拡張する）．すると，$\partial_k : C_k \to C_{k-1}$ が $k=1,2$ の場合に定まる．もし $k \neq 1,2$ ならば，零写像（すべての元を 0 に送る写像）だとしてほしい（これはホモロジーを定義するための自動的な設定である）．

記号 2.1

$\mathcal{S}$ が m 個の元をもつ集合とし，$\mathcal{S} = \{e_1, e_2, \cdots, e_m\}$ と表示されるとする．このとき，集合 $\{\delta_1 e_1 + \delta_2 e_2 + \cdots + \delta_m e_m \mid \delta_i \in \mathbb{Z}_2\}$ が和 $+$ に関してアーベル群となっているときに，この群は集合 $\mathcal{S}$ **で生成されている**といい，$\mathbb{Z}_2[\mathcal{S}]$ と書く．このとき e_i ($i=1,2,\cdots,m$) を**生成元**と呼び，アーベル群 $\mathbb{Z}_2[\mathcal{S}]$ は，記号として $\langle \mathcal{S} \rangle$ と書かれたり，$\langle \{e_1, e_2, \cdots, e_m\} \rangle$ と書かれたりもすることにする．

群 $\mathbb{Z}_2$

2元 $0, 1$ により生成されるアーベル群で，
$$1+1 = 0, \quad 0+1 = 1+0 = 1, \quad 0+0 = 0$$
を満たす加法 $+$ である群を $\mathbb{Z}_2$ と書く．

ホモロジーを理解するためには，C_i の特別な元たちである，次の「サイクル」という概念が鍵となる．

---

22) 読者は i-単体との違いに気づいてほしい．単独の頂点や辺などが単体，単体を幾つかたしたものが，チェイン（鎖）である．筆者は，ホモロジーという概念と出会ったのはおそらく学部生だったように思う（ジョン・ウィラード・ミルナー（J. W. Milnor）によるエキゾチック球面の存在を示した論文を読もうとして質問しに行ったりしていたのは大学2年生の頃であるので，それより前にホモロジーに出会っていたはずだ）．チェイン（鎖）という言葉に馴染めなかった記憶がある．楊枝の端に接着剤をつけていくつか楊枝をたてていくと，空間にあるグラフをつくることができるが，長い1本の鎖のように見える場合は少ない．しかし，つながった鎖たちも「鎖工芸の一種」だと思えば，まあ，鎖なのだろう．
23) $\mathbb{R}^3$ における標準的な座標を設定すれば書き表される．

定義 2.7

アーベル群 C_i を上記で定めたものとする．C_i の部分群 Z_i を，集合 $\{z \in C_i | \partial_i(z) = 0\}$ により定義する．

いよいよ**ホモロガス**という概念を述べる．

定義 2.8

Z_i の 2 元 z と z' が**ホモロガス (homologous)** であるとは，ある $z'' \in Z_{i+1}$ が存在して $z + z' = \partial(z'')$ であることである．

記号 2.2

z と z' がホモロガスであるとき $z \sim z'$ と書く．

ホモロガス $\sim$ は同値関係である，すなわち次を満たす．

(1) $z \sim z$.
(2) $z \sim z' \Longrightarrow z' \sim z$.
(3) $z \sim z'$ かつ $z' \sim z'' \Longrightarrow z \sim z''$.

さらに次が成り立つことを注意しておこう．

(4) $z \sim z'$ かつ $z'' \sim z''' \Longrightarrow z + z'' \sim z' + z'''$.

定義 2.9

アーベル群 Z_i にホモロガスという同値関係 $\sim$ を入れたとき + により生成する群 $Z_i/\sim$ を**ホモロジー群**と呼ぶ．

定義 2.10

$i, i' \geq j$ とする．ある i-単体に含まれる j-単体 c と，ある i'-単体に含まれる j-単体 c' をぴったり重ね合わせて同一視する[24]ことを**位相的貼り合わせ**と呼ぶ．複体 $\mathcal{K}$ とは，有限個の単体 ($0 \leq i \leq 2$) か，もしくはそれらに位相的貼り合わせをほどこしたもの，とする．

位相的貼り合わせ

この章で取り扱われている「図形」は厳密には位相空間と呼ばれるものである．位相空間の定義をはっきりさせると貼り合わせについても厳密に述べられるが，ここではその作業をせず，読者の後日の課題としてほしい．もしもこの位相空間というものを理解したとすると展開されるストーリーは次のような雰囲気である（例えば図 2.2）．

位相空間 R（例えば長方形）の交わらない部分空間（例えば長方形の向かい合った 2 辺）e, e' があって e と e' は位相空間として同値（同相，あるいは位相同形と呼ぶ），すなわち同相写像（全単射連続写像のこと）$\varphi: e \to e'$ が存在するとしよう（ぴったり重ね合わせると述べているのはこの φ の存在を意味している）．この φ を使って次の同値関係を定める．

- 任意の $p \in R$ に対し $p \sim p$.
- 任意の $p \in e$ に対し $p \sim \varphi(p) \in e'$.
- 任意の $p \in e'$ に対し $p \sim \varphi^{-1}(p) \in e$.
- 上記以外に $p \sim q$ なるペアは存在しない．

商集合 $R/\sim$ に R から自然に入る位相構造を入れた位相空間を R の部分空間 e と e' を**位相的貼り合わせをして得られた空間**とし R/φ と記す．

位相空間 R が図 2.4 の場合は R を 2 つの位相空間 X と Y の直和（$X + Y$ と記載される）と見て上記の φ による位相的貼り合わせを行う．

記号 2.3

複体 $\mathcal{K}$ が定める $Z_i (0 \leq i \leq 2)$ を $Z_i(\mathcal{K})$ と書く．$Z_i(\mathcal{K})$ に対するホモロジー群を $H_i(\mathcal{K})$ と書く．

---

24) この「ぴったり重ね合わせて同一視する」という言葉を集合と写像の言葉を用いて式で記述することを大学数学では要求されるが，それは意欲的な読者の宿題としてほしい．図形そのものを（位相）空間とみなす考え方を学ぶことが必要である．具体例は図 2.4 で行われる同一視である．2 つの（位相）空間を 1 つの（位相）空間と考えることは非自明なことを行っていて少し準備が必要なのである．

具体例 2.3

図 2.3 の三角形を $\mathcal{K}$ とすれば，

- $C_0(\mathcal{K}) = \langle \{x, y, z\} \rangle$.
- $C_1(\mathcal{K}) = \langle \{a, b, c\} \rangle$.
- $C_2(\mathcal{K}) = 0$.

かくしてあなたは**ホモロジーが何であるか**を誰かに語ることができる，希少価値の高い存在になったのである[25]．2 日目は $H_i(\mathcal{K})$ を計算しよう．

2.4 ホモロジーに親しむ 5 日間
（2 日目：三角形のホモロジー計算）

2 日目は，三角形のホモロジー群の計算を行う．

三角形は，0 次元と 1 次元，すなわち，C_0 と C_1 の元によって記述されている．読者は 1 日目にして C_0 と C_1 という道具を手に持ったので，いよいよ「三角形という図形」をホモロジーで捉えてみよう．定義から
$$\partial_1(a) = x+y, \quad \partial_1(b) = y+z, \quad \partial_1(c) = z+x$$
となる．これも「辺 a の境界作用素による行き先は x と y の和」となっていて直感とよく合うことだろう．また，∂_0 は零写像だから（点は (-1)-単体というものを含まない，あるいはそもそも (-1)-単体というものが存在しない），
$$\partial_0(x) = 0, \quad \partial_0(y) = 0, \quad \partial_0(z) = 0$$
となる．

今の設定は，三角形は 2-単体を持たないので，∂_2 は零写像である．よって，
$$0 \xrightarrow{\partial_2} C_1 \xrightarrow{\partial_1} C_0 \xrightarrow{\partial_0} 0$$
という写像列が書かれることになる．通常の教科書だと，**零写像となる矢印の上には何も書かれないか，もしくは「0」という数字がそっけなく書いてある**だけであるから本書もそれに従うので注意してほしい．

三角形のホモロジーを計算するための役者はそろった．

図 2.5（次ページ）にある三角形を $\triangle xyz$ と記す．これは複体であるので，第 2.3 節で紹介した $\mathcal{K}$ の具体例となっている．$H_i(\triangle xyz)\ (i = 0, 1, 2)$ を計

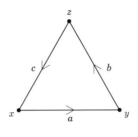

図 2.5 $\triangle xyz$

算していこう.

- ($H_0(\triangle xyz)$)

  定義から $Z_0(\triangle xyz) = C_0(\triangle xyz)$ であり，それは $\langle \{x, y, z\} \rangle$ である．上で見てきたように，$x+y = \partial_1(a)$ となるので，$x \sim y$．また，$y+z = \partial_1(b)$ であったので，$y \sim z$．最初なので，残った最後の式 $\partial_1(c) = z+x$ を眺めてみよう．これは $x \sim z$ を導くが，$\sim$ が連鎖律が成り立ったことにより，すでに得ている式である．以上をまとめると，x, y, z の間に発生する同値関係は $x \sim y \sim z$ にて書き尽くしている．この「書き尽くしている」という意味は，$x \sim 0$ とはならないことも意味している[26]．

  以上から，$H_0(\triangle xyz)$ は計算できた．すなわち，$H_0(\triangle xyz) = \langle \{x\} \rangle$ である．

- ($H_1(\triangle xyz)$)

  まず，$\triangle xyz$ には，2-単体がないことに注意しよう．すると，$\partial_2(\cdot)$ と書き表される 0 でない元が Z_1 には存在しないことが理解される．したがって，$H_1(\triangle xyz) = Z_1(\triangle xyz)$ となる．C_1 の定義から，$C_1(\triangle xyz)$ の元をすべて書き出すと

  $$0, a, b, c, a+b, b+c, c+a, a+b+c$$

  である．Z_1 を計算するには，

  $$\partial_1(a) = x+y, \quad \partial_1(b) = y+z, \quad \partial_1(c) = z+x$$

  を見れば，$\partial_1(e) = 0$ を満たす元 e は 0 と $a+b+c$ のみである．よ

---

25) だからといって鼻にかけるという意味ではない．あたかも今まで灰色に見えていた世界に色が付いていくかのように，ホモロジーという見方によって自分の視点が広がるのである．これによってすぐには見ることさえ叶わない図形にも手を伸ばすことができるのだ．
26) 読者は x が $\partial_1(\cdot)$ の形では書き表すことができないことに注意してほしい．

って
$$Z_1(\triangle xyz) = \langle \{a+b+c\} \rangle,$$
したがって, $H_1(\triangle xyz) = Z_1(\triangle xyz) = \langle \{a+b+c\} \rangle$.
- ($H_2(\triangle xyz)$)

  2-単体は $\triangle xyz$ に存在しないので, $C_2(\triangle xyz) = 0$. よって $H_2(\triangle xyz) = 0$.

以上をまとめると, $H_0(\triangle xyz) = \langle \{x\} \rangle$, $H_1(\triangle xyz) = \langle \{a+b+c\} \rangle$, $H_2(\triangle xyz) = 0$.

さて, トポロジーによる「やわらかい視点」を伝統的な言い方を用いて, この本でも**位相同形**, もしくは**同相**と呼ぶことにしよう[27]. この視点で見ると, $\triangle xyz$ と円周 S^1 は同一視される. そして素晴らしいことに, 位相同形を保って形を変えても, ホモロジー $H_i(\cdot)$ というものは, 変わらない(位相不変性と呼ばれる)ことが知られている. また, $\langle \{x\} \rangle$, $\langle \{a+b+c\} \rangle$ は, 一つの零でない元(非自明な元とよばれる)からなる. C_i の定義から,
$$x+x = 0, \quad (a+b+c)+(a+b+c) = 0$$
が成り立つので, $\langle \{x\} \rangle$, $\langle \{a+b+c\} \rangle$ は, それぞれ $\mathbb{Z}_2$ に同型であることがわかる. よって, 位相同形による同一視 $\triangle xyz = S^1$ を使って書き直すと,
$$H_0(S^1) = \mathbb{Z}_2, \quad H_1(S^1) = \mathbb{Z}_2, \quad H_2(S^1) = 0$$
となる.

最後に余裕がある人は, $H_i(\triangle xyz)$ を記述する x や $a+b+c$ という元が, はたしてどの程度幾何的な情報を取り上げていたかを思い巡らしてほしい.

2.5 ホモロジーに親しむ5日間
(3日目:球面とトーラスのホモロジー計算)

3日目はいよいよ曲面のうち, 基礎となる球面とトーラスのホモロジー群を計算する. 図2.6(次ページ)にあるように, 同じラベルが書いてある辺を同一視する. すると, この場合は頂点の同一視も自然に決まる. 位相的貼り合わせにより, 球面やトーラスはそれぞれ向きの選択を除いて一つに決まることが知られている[28]. 球面を S^2, トーラスを T^2 と書く.

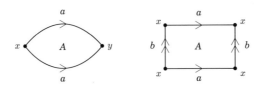

図 2.6 球面(左)とトーラス(右). 同じラベルをもつ辺同士は(位相的貼り合わせにより)同一視される.

2. 5. 1 ● 球面のホモロジーの計算

記号は図 2.6 のものを用いる. $C_0(S^2) = \langle \{x, y\} \rangle$, $C_1(S^2) = \langle \{a\} \rangle$, $C_2(S^2) = \langle \{A\} \rangle$.

- ($H_0(S^2)$) 定義から $Z_0(S^2) = \langle \{x, y\} \rangle$. $\partial_1(a) = x+y$ であることから, $x \sim y$. ほかに Z_0 に ∂_1 によって発生する関係式はない. したがって, $H_0(S^2) = \langle \{x\} \rangle$.
- ($H_1(S^2)$) $\partial_1(a) = x+y$ により, $Z_1(S^2) = 0$ である. よって, $H_1(S^2) = 0$.
- ($H_2(S^2)$) 3-単体は存在しないので, $Z_2(S^2)$ を考えればよい. $\partial_2(A) = a+a = 0$ であるから, $H_2(S^2) = Z_2(S^2) = \langle \{A\} \rangle$.

記号2.1の直後(017 ページ)に $\mathbb{Z}_2$ の記述の様子を書いた. そのことを使うと, $\langle \{x\} \rangle = \mathbb{Z}_2$, $\langle \{A\} \rangle = \mathbb{Z}_2$. 以上から,
$$H_0(S^2) = \mathbb{Z}_2, \quad H_1(S^2) = 0, \quad H_2(S^2) = \mathbb{Z}_2$$
がわかる.

2. 5. 2 ● トーラスのホモロジーの計算

記号は図 2.6 のものを用いる. $C_0(T^2) = \langle \{x\} \rangle$, $C_1(T^2) = \langle \{a, b\} \rangle$, $C_2(T^2) = \langle \{A\} \rangle$.

- ($H_0(T^2)$) 定義から $Z_0(T^2) = \langle \{x\} \rangle$. $\partial_1(a) = x+x = 0$, $\partial_1(b)$

---

27) ここは位相空間というもの，および連続写像を丁寧に取り扱っていけば，厳密に数学として展開できる．将来的に使用しなくてはいけない状況でありつつもまだ知らない読者は，この本を読んだ後に勉強計画を立ててぜひ取り組んでみてほしい．一方で，教養として手っ取り早く通過したい人は，幾何学の一つの見方として具体例を思い浮かべてほしい．

28) 本来は未知の図形を調べるためにホモロジーを計算するのであるが，ここでは，ホモロジーの理解のために，すでに分かっている図形を計算している．

$= x+x = 0$ である．よって Z_0 に ∂_1 によって発生する関係式はない．したがって，$H_0(T^2) = \langle\{x\}\rangle = \mathbb{Z}_2$.

- ($H_1(T^2)$) $\partial_1(a) = 0$, $\partial_1(b) = 0$ により，$Z_1(T^2) = \langle\{a,b\}\rangle$ である．また，$\partial_2(A) = 2(a+b) = 0$ により，$B_1 = 0$. よって $H_1(T^2) = \langle\{a,b\}\rangle = \mathbb{Z}_2 \oplus \mathbb{Z}_2$.

- ($H_2(T^2)$) 3-単体は存在しないので，$Z_2(T^2)$ を考えればよい．$\partial_2(A) = 2a+2b = 0$ であるから，$H_2(T^2) = Z_2(T^2) = \langle\{A\}\rangle = \mathbb{Z}_2$.

2.6　ホモロジーに親しむ5日間(4日目：整数係数のホモロジー)

1日目から3日目の世界には「引き算」がなかった．アーベル群 C_i に仮定 $c+c = 0$ を入れていたからである[29]．物足りない，と思った人がもしいたならば，上記までの3日間コースは大成功である．

単体とよばれる概念を導入するときに，集合 C_i の元たちに足し算だけでなく引き算の概念をいれたホモロジー，コホモロジーもある．このような概念も $\mathbb{Z}_2$ 係数ホモロジー3日間コースを通過してきた読者諸氏にとってはもはやおそるるに足りない．まず，基本から行こう．$\mathbb{R}$ 係数のベクトル空間というものは煎じ詰めれば，ある整数 m が存在し，ある基底 $\{e_1, e_2, \cdots, e_m\}$ が存在し，

$$\{\alpha_1 e_1 + \alpha_2 e_2 + \cdots + \alpha_m e_m | (\alpha_1, \alpha_2, \cdots, \alpha_m) \in \mathbb{R}^m\}$$

という集合に足し算，引き算，実数のベクトルへの掛け算によって生成されているものである[30]．

対してベクトル空間の一般化である $\mathbb{Z}$ 係数の**加群**(あるいは日本語で整数係数の加群)とよばれるものは，ある整数 m が存在しかつ，ある集合 $\{e_1, e_2, \cdots, e_m\}$ が存在し，

$$\{\alpha_1 e_1 + \alpha_2 e_2 + \cdots + \alpha_m e_m | (\alpha_1, \alpha_2, \cdots, \alpha_m) \in \mathbb{Z}^m\}$$

という集合に足し算，引き算，整数の元への掛け算によって生成されているものである．見比べれば，なんてことはない，係数を入れ替えただけのことである．このとき，この整数係数の加群は $\{e_1, e_2, \cdots, e_m\}$ から**生成される**，と呼ばれ，

$$\langle\{e_1, e_2, \cdots, e_m\}\rangle$$

と記し，各 e_i を**生成元**と呼ぶ．以後，本書では断りなくこれらの記号，言い

方を用いていく．

以下も簡単な場合で慣れるため，i-単体は$i=0,1,2$の場合だけを考え，$\mathbb{Z}_2$と話を平行に進めて理解の階段を上ってみよう．

頂点からなる集合を$\mathcal{S}_0$，**向き付きの辺からなる集合**を$\mathcal{S}_1$，**向き付きの面からなる集合**を$\mathcal{S}_2$とする．辺の向きは矢印を付けることで表し，面は時計周りか反時計回りの矢印を付けることで向きを表すことにする(例：図2.7参照)．集合$\mathcal{S}_i$ ($i=0,1,2$) の元はi-**単体**(**simplex**)と呼ぶ．iについて言及しないときは，単に単体という．

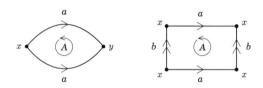

図2.7 球面(左)とトーラス(右). 同じラベルをもつ辺同士は(位相的貼り合わせにより)同一視される.

この$\mathcal{S}_i$ ($i=0,1,2$) にアーベル群の構造をいれる．すなわち，$\mathcal{S}_i$が2項演算 $+$ に関して，次を満たす．

(1) $c+c' = c'+c$ (可換性).

(2) $c+(c'+c'') = (c+c')+c''$ (結合律).

(3) $0 \in \mathcal{S}_i$が存在し，任意の$c \in \mathcal{S}_i$に対して$0+c = c+0 = c$ (単位元の存在).

(4) 任意のcに対して，あるc'が存在して，$c+c'=0$ (逆元の存在).

次に，$\mathcal{S}_i$に対して，より広い集合$\{\alpha c | \alpha \in \mathbb{Z}, c \in \mathcal{S}\}$を考え，ここに($\mathbb{R}$係数のベクトル空間のときの実数に対応する)整数の掛け算の構造を入れる．すなわち，任意の$c, c' \in \mathcal{S}_i$，任意の$\alpha, \beta \in \mathbb{Z}$に対して次の演算を許す．

---

29) 実はこれは意味がある．$\mathbb{Z}_2$係数のホモロジーは0,1の世界なので単体がむき出しに見える．すなわち，「幾何学」がホモロジーというものにダイレクトに反映して可視化される．しかも，計算も容易である．一方で，整数を係数にもつホモロジーというものは，整数，すなわち無限を扱うため，道具立て(定義)が一見複雑となる．しかし，その分，$\mathbb{Z}_m$ (mはある整数)の形をした，トーションという豊かな情報が現れる．

30) 特に，高等学校や，大学1年生のときには，わかりやすい基底として$\mathbb{R}^m$については標準基底と言われる$(0\cdots010\cdots0)$という成分がひとつだけ1のものをとったりすることだろう．

- $(\alpha+\beta)c = \alpha c + \beta c$.
- $\alpha(c+c') = \alpha c + \alpha c'$.

このアーベル群は $\mathbb{Z}[\mathcal{S}_i]$ と通常は書かれるものである．しかし，ここでは $\mathbb{Z}_2$ 係数の $C_i = \mathbb{Z}_2[\mathcal{S}_i]$ と記号を揃えたいので次の記号を入れておく．以下，この記号を使用する．

記号 2.4
$$\mathcal{C}_i = \mathbb{Z}[\mathcal{S}_i].$$

また，以下ではアーベル群は $\mathcal{C}_i$ 以外のものも登場するので，$\mathbb{Z}_2$ のときと同様の記号を準備しておく．

記号 2.5

$\mathcal{S}$ が m 個の元をもつ集合とし，$\mathcal{S} = \{e_1, e_2, \cdots, e_m\}$ と表示されるとする．このとき，集合 $\{\alpha_1 e_1 + \alpha_2 e_2 + \cdots + \alpha_m e_m | \alpha_i \in \mathbb{Z}\}$ が和 + に関してアーベル群となっているときに，この群は集合 $\mathcal{S}$ で**生成されている**といい，$\mathbb{Z}[\mathcal{S}]$ と書く．このとき $e_i\,(i=1,2,\cdots,m)$ を**生成元**と呼び，アーベル群 $\mathbb{Z}[\mathcal{S}]$ は，記号として $\langle \mathcal{S} \rangle$ と書かれたり，$\langle \{e_1, e_2, \cdots, e_m\} \rangle$ と書かれたりもすることにする．

2.6.1 ● 整数係数ホモロジー群の定義

以下，$\mathbb{Z}_2$ 係数ホモロジー群とまったく同じ方法でホモロジー群を定義する．$\mathbb{Z}$ 係数の加群(= ベクトル空間の一般化概念) $\mathcal{C}_i\,(i=0,1,2)$ の元は i-**チェイン(鎖)** と呼ぶ．i について言及をしなくてもよいときは，単にチェインと呼ぶ．ここら辺は $\mathbb{Z}_2$ 係数のときと用語が重なるが，慣例から文脈で読み取ることにしてほしい．

具体例 2.4

図 2.3 の三角形について

- 0-チェイン：任意の $(\alpha_1, \alpha_2, \alpha_3) \in \mathbb{Z}^3$ に対する $\alpha_1 x + \alpha_2 y + \alpha_3 z$

が0-チェインである.
- 1-チェイン：任意の $(\alpha_1, \alpha_2, \alpha_3) \in \mathbb{Z}^3$ に対する $\alpha_1 a + \alpha_2 b + \alpha_3 c$ が1-チェインである.
- 2-チェインは0のみ.

次に $\mathcal{C}_k \to \mathcal{C}_{k-1}$ の写像となる**境界作用素**(boundary operator) ∂_k を導入する. $\mathcal{C}_1 (= \mathbb{Z}[\mathcal{S}_1])$ の1-単体 $s \in \mathcal{S}_1$ に対して, 向きを使って s に含まれる0-単体(すなわち頂点)の差,

(終点となる頂点) − (始点となる頂点)

を $\partial_1(s)$ と書くことにする.

同様に, $\mathcal{C}_2 (= \mathbb{Z}[\mathcal{S}_2])$ の2-単体 $f \in \mathcal{S}_2$ に対して, 向きを使って f に含まれる1-単体(すなわち辺)e の符号付き和を定義する. $f \in \mathcal{C}_2$ の向きに沿ってその境界にある1-単体たちを読みあげるときを考えよう. 向きと反対方向のとき, (-1), 向きが同調するときに $(+1)$ とする符号を $[f:e]$ と書けば,

$$\sum_{e \text{は} f \text{に含まれる}} [f:e] e$$

が定義され, この和を $\partial_2(s)$ と書く.

$\partial_k (k \neq 1, 2)$ は零写像と定義する. ∂_k は

$$\partial_k(\alpha s + \beta s') = \alpha \partial_k(s) + \beta \partial_k(s')$$

を満たすとする(これを ∂_k を線型拡張するという). すると, $\partial: \mathcal{C}_i \to \mathcal{C}_{i-1}$ が $i = 1, 2$ の場合に定まる. $\mathbb{Z}_2$ 係数のときと同様に, もし $i \neq 1, 2$ ならば, 零写像(すべての元を0に送る写像)だとしてほしい.

定義 2.11

整数係数の加群 $\mathcal{C}_i$ を上記で定めたものとする. $\mathcal{C}_i$ の部分群 $\mathcal{Z}_i$ を $\{z \in \mathcal{C}_i | \partial(z) = 0\}$ により定義する.

定義 2.12

$\mathcal{Z}_i$ の2元 z と z' が**ホモロガス**(homologous)であるとは, ある $z'' \in Z_{i+1}$ が存在して $z - z' = \partial_{i+1}(z'')$ であることである.

記号 2.6

 $z, z' \in \mathcal{Z}$ とする．z と z' がホモロガスであるとき $z \approx z'$ と書く．

ホモロガス $\approx$ は同値関係である，すなわち次を満たす．

(1) $z \approx z$.
(2) $z \approx z' \Longrightarrow z' \approx z$.
(3) $z \approx z'$ かつ $z' \approx z'' \Longrightarrow z \approx z''$.

さらに次が成り立つことを注意しておこう．

(4) $z \approx z'$ かつ $z'' \approx z''' \Longrightarrow z + z'' \approx z' + z'''$.

定義 2.13

 アーベル群 $\mathcal{Z}_i$ にホモロガスという同値関係 $\approx$ を入れたとき $+$ により生成する群 $\mathcal{Z}_i / \approx$ を**ホモロジー群**と呼ぶ．

記号 2.7

 複体 $\mathcal{K}$ が定める $\mathcal{Z}_i \, (0 \leq i \leq 2)$ を $\mathcal{Z}_i(\mathcal{K})$ と書く．$\mathcal{Z}_i(\mathcal{K})$ に対するホモロジー群を $\mathcal{H}_i(\mathcal{K})$ と書く．

具体例 2.5

 図 2.3 の三角形を $\mathcal{K}$ とすれば，

- $\mathcal{C}_0(\mathcal{K}) = \langle \{x, y, z\} \rangle$.
- $\mathcal{C}_1(\mathcal{K}) = \langle \{a, b, c\} \rangle$.
- $\mathcal{C}_2(\mathcal{K}) = 0$.

それでは，ホモロジーに親しむ「3 日目」に取り組んだ計算の整数係数版を考えていこう．球面とトーラスのホモロジー群を計算する．図 2.7 にあるように，同じラベルが書いてある辺を同一視する．すると，頂点の同一視も自然に入る．球面を S^2，トーラスを T^2 と書く．

2.6.2 ●球面のホモロジーの計算(整数係数版)

記号は図 2.7 のものを用いる. $\mathcal{S}_0(S^2) = \langle\{x,y\}\rangle$, $\mathcal{S}_1(S^2) = \langle\{a\}\rangle$, $\mathcal{S}_2(S^2) = \langle\{A\}\rangle$.

- ($\mathcal{H}_0(S^2)$) 定義から $\mathcal{Z}_0(S^2) = \langle\{x,y\}\rangle$. $\partial_1(a) = y-x$ であることから, $x \approx y$. ほかに $\mathcal{Z}_0$ に ∂_1 によって発生する関係式はない. したがって, $\mathcal{H}_0(S^2) = \langle\{x\}\rangle$.
- ($\mathcal{H}_1(S^2)$) $\partial_1(a) = y-x$ により, $\mathcal{Z}_1(S^2) = 0$ である. よって, $\mathcal{H}_1(S^2) = 0$.
- ($\mathcal{H}_2(S^2)$) 3-単体は存在しないので, $\mathcal{Z}_2(S^2)$ を考えればよい. $\partial_2(A) = a-a = 0$ であるから, $\mathcal{H}_2(S^2) = \mathcal{Z}_2(S^2) = \langle\{A\}\rangle$.

$\mathcal{H}_0(S^2) = \langle\{x\}\rangle = \mathbb{Z}$, $\mathcal{H}_2(S^2) = \langle\{A\}\rangle = \mathbb{Z}$. 以上から,
$$\mathcal{H}_0(S^2) = \mathbb{Z}, \quad \mathcal{H}_1(S^2) = 0, \quad \mathcal{H}_2(S^2) = \mathbb{Z}$$
がわかる.

2.6.3 ●トーラスのホモロジーの計算(整数係数版)

記号は図 2.7 のものを用いる. すると, $\mathcal{S}_0(T^2) = \langle\{x\}\rangle$, $\mathcal{S}_1(T^2) = \langle\{a,b\}\rangle$, $\mathcal{S}_2(T^2) = \langle\{A\}\rangle$.

- ($\mathcal{H}_0(T^2)$) 定義から $\mathcal{Z}_0(T^2) = \langle\{x\}\rangle$. $\partial_1(a) = x-x = 0$, $\partial_1(b) = x-x = 0$ である. よって $\mathcal{Z}_0$ において ∂_1 の像によって与えられる関係式はない. したがって, $\mathcal{H}_0(T^2) = \langle\{x\}\rangle = \mathbb{Z}$.
- ($\mathcal{H}_1(T^2)$) $\partial_1(a) = 0$, $\partial_1(b) = 0$ により, $\mathcal{Z}_1(T^2) = \langle\{a,b\}\rangle$ である. また, $\partial_2(A) = a+b-a-b = 0$ (定義より, 面 A の向きに沿って一周するときに辺の向きが同調しているなら $+1$, していないなら -1 の係数が 1-単体の前にかかる). よって $\mathcal{Z}_1(T^2)$ の元には ∂_1 の像による関係式がないので, $\mathcal{H}_1(T^2) = \langle\{a,b\}\rangle = \mathbb{Z}\oplus\mathbb{Z}$.
- ($\mathcal{H}_2(T^2)$) 3-単体は存在しないので, $\mathcal{Z}_2(T^2)$ を考えればよい. $\partial_2(A) = 0$ であるから, $\mathcal{H}_2(T^2) = \mathcal{Z}_2(T^2) = \langle\{A\}\rangle = \mathbb{Z}$.

2.7 ホモロジーに親しむ5日間(5日目:コホモロジーとは)

この節ではコホモロジーに慣れ親しんでもらう．ホモロジー5日間の最後では $\mathbb{Z}_2$ 係数のコホモロジーの定義を行う(整数係数はホモロジーのときのようにパラレルに議論が進むので割愛する．気になる読者はぜひ議論を正当化されたい)．まずは，ホモロジーのときを思い出そう．

三角形 $\triangle xyz$ (図 2.8)は，0次元と1次元，すなわち，$C_0(\triangle xyz)$ と $C_1(\triangle xyz)$ の元によって記述されていた．コホモロジーにおいては，線型写像の集合

$$\{f \mid C_0(\triangle xyz) \xrightarrow{f} \mathbb{Z}_2\}$$

と線型写像の集合

$$\{f \mid C_1(\triangle xyz) \xrightarrow{f} \mathbb{Z}_2\}$$

によって，三角形 $\triangle xyz$ を捉えることを考える．

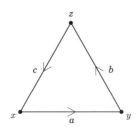

図 2.8 三角形 $\triangle xyz$

では，このような考えの環境整備をしよう．$C_0(\triangle xyz)$ という加群は x, y, z から成っていた．線型写像 $C_0(\triangle xyz) \to \mathbb{Z}_2$ は x の行き先，y の行き先，z の行き先を定めることにより決まる．なぜならば，この3つの行き先同士を足すことで，すべての行き先が定まるからだ．では，線型写像 $C_0(\triangle xyz) \to \mathbb{Z}_2$ を書き尽くすことはどうしたらできるだろうか？ それには，よく知られた方法があるので，それを使うことがわかりやすい[31]．次の3写像を考える．

$x^* : C_0(\triangle xyz) \longrightarrow \mathbb{Z}_2 \;;\; x \mapsto 1,\; y \mapsto 0,\; z \mapsto 0,$

$y^* : C_0(\triangle xyz) \longrightarrow \mathbb{Z}_2 \;;\; x \mapsto 0,\; y \mapsto 1,\; z \mapsto 0,$

$z^* : C_0(\triangle xyz) \longrightarrow \mathbb{Z}_2 \;;\; x \mapsto 0,\; y \mapsto 0,\; z \mapsto 1.$

皆さんもお気づきだろう．そもそも x, y, z それぞれに $0, 1 \in \mathbb{Z}_2$ を割り振るす

べての場合の数は8通りである．それを表すには，上記の3通りの写像を準備すれば書き尽くすことができるのである．

こういうわけで $C_0(\triangle xyz)$ に対しアーベル群
$$\mathbb{Z}_2[\{x^*, y^*, z^*\}] (= \langle \{x^*, y^*, z^*\} \rangle)$$
を $C^0(\triangle xyz)$ と定める．$C_1(\triangle xyz) = \langle \{a, b, c\} \rangle$ の場合も同様に考え，
$$C^1(\triangle xyz) = \langle \{a^*, b^*, c^*\} \rangle$$
と定める．

一般に次のように定義される．

定義 2.14

$\mathcal{K}$ を複体とし，i を整数とする．i-単体 $e\,(e \in C_i(\mathcal{K}))$ に対して，線型写像 $e^* : C_i(\mathcal{K}) \to \mathbb{Z}_2$ を
$$e \mapsto 1,\ e' \mapsto 0 \qquad (e' \neq e)$$
により定める．

次に m を正の整数とし，$C_i(\mathcal{K}) = \mathbb{Z}_2[\{e_1, e_2, \cdots, e_m\}]$ と書けるとする．このとき $C^i(\mathcal{K})$ を $C^i(\mathcal{K}) = \mathbb{Z}_2[\{e_1^*, e_2^*, \cdots, e_m^*\}]$ によって定義する．

双対

コホモロジーでは，この「双対」といういかめしい名前の加群を考えなくてはいけない．しかしながら，ホモロジーとコホモロジーに限らず，現代数学では「双対」というものを考えることがきわめて重要となってくる．特に加群(特別にはベクトル空間)における双対の考え方は，現代幾何学，理論物理学で基礎中の基礎をなす重要な概念となっている．理工系の大学1年生が必ず習得すべき項目である．「関数が値(数)を定めることと」，「値(数)のリストが関数を定めること」この両者は，ある同一視によって同じことを言っている．この同一視が「双対」という考え方の一例である．

上記のようにしてできた $C^i\,(i = 0, 1, 2)$ の元は i-**コチェイン** (cochain) と

---

31) $\mathbb{R}^2$ の基底を $(1,0), (0,1)$ と選ぶことと同じ方法である．

呼ぶ[32]．i について言及しないときは，単にコチェインという．

具体例 2.6
図 2.3 の三角形について

- 0-コチェインは $\langle \{x^*, y^*, z^*\} \rangle$ の元．
- 1-コチェインは $\langle \{a^*, b^*, c^*\} \rangle$ の元．
- 2-コチェインは 0 のみ．

この C^i ($i = 0, 1, 2$) にアーベル群の構造が自然に入る．線型写像 f, g に対してその和 $(f+g)$ は $(f+g)(x) := f(x) + g(x)$ によって定義される．このとき，C^i が，この（写像の和 + なる）2 項演算 + に関して，次を満たす[33]．

(1) $c^* + c^{*\prime} = c^{*\prime} + c^*$（可換性）．
(2) $c^* + (c^{*\prime} + c^{*\prime\prime}) = (c^* + c^{*\prime}) + c^{*\prime\prime}$（結合律）．
(3) $0 \in C^i$ が存在し，任意の $c^* \in C^i$ に対して $0 + c^* = c^* + 0 = c^*$（単位元の存在[34]）．
(4) 任意の c^* に対して，ある $c^{*\prime}$ が存在して，$c^* + c^{*\prime} = 0$（逆元の存在[35]）．
(5) $c^* + c^* = 0$．

次に（境界作用素と同様に）**双対境界作用素（coboundary operator）** という線型写像 d^k の列 ($k = 0, 1, 2$) を導入する．C^k の元 c^* に対して，線型写像 $d^k(c^*) \in C^{k+1}$ は次で定める．

$$d^k(c^*) := c^* \circ \partial_{k+1}$$

この定義から

$$d^k(c^* + c^{*\prime}) = d^k(c^*) + d^k(c^{*\prime})$$

が成り立つ．すると，$d^i : C^i \to C^{i+1}$ が $i = 1, 2$ の場合に定まる．もし $i \neq 0, 1$ ならば，零写像（すべての元を 0 に送る写像）だとしてほしい（これもコホモロジーを定義するための自動的な設定である）．

コホモロジーも，ホモロジーのときと同様，C^i の特別な元たちである，次の「コサイクル」という概念をもとにして考える．

定義 2.15

アーベル群 C^i を上記で定めたものとする．C^i の部分群 Z^i を $\{z^* \in C^i | d^i(z^*) = 0\}$ により定義する．

ではコホモロジーについて述べる．

定義 2.16

Z^i の 2 元 z^* と $z^{*\prime}$ が**コホモロガス**(cohomologous)であるとは，ある $z^{*\prime\prime} \in Z^{i+1}$ が存在して $z^* + z^{*\prime} = d^i(z^{*\prime\prime})$ であることである．

記号 2.8

z^* と $z^{*\prime}$ がコホモロガスであるとき $z^* \sim z^{*\prime}$ と書く．$z^* + z^{*\prime} = d^i(z^{*\prime\prime}) = z^{*\prime\prime} \circ \partial_{i+1}$ であることから，次が確かめられる．

コホモロガス $\sim$ は同値関係である，すなわち次を満たす．

(1) $z^* \sim z^*$.
(2) $z^* \sim z^{*\prime} \Longrightarrow z^{*\prime} \sim z^*$.
(3) $z^* \sim z^{*\prime}$ かつ $z^{*\prime} \sim z^{*\prime\prime} \Longrightarrow z^* \sim z^{*\prime\prime}$.

さらにホモロジーのときと同様に次が成り立つことを注意しておこう．

(4) $z^* \sim z^{*\prime}$ かつ $z^{*\prime\prime} \sim z^{*\prime\prime\prime} \Longrightarrow z^* + z^{*\prime\prime} \sim z^{*\prime} + z^{*\prime\prime\prime}$.

定義 2.17

アーベル群 Z^i にコホモロガスという同値関係を入れたとき二項演算 $+$ により生成する群をコホモロジー群と呼ぶ．

次に $\mathbb{Z}_2$ 係数のコホモロジー群の直接計算を練習する．定義から

---

32) 最初は，この語感に馴染めない人もいると思う．訳を混ぜると双対チェイン（双対鎖）とでもいうべきものである．実は双対の方が将来的にたくさん使う人がいるはずなので，名前が長くなっても疎遠に思わないでほしい．
33) 以下では，コチェインを c^* という雰囲気で書いているので零写像を 0^* と書いた方が良いかもしれないが，0^* という書き方をあまり見かけないので，0 で表記した．
34) 実際，零写像を取れば良い．
35) 実際，f に対して $(-f)(x) := -f(x)$ を取れば良い．今は $\mathbb{Z}_2$ で考えているので，$-f(x) = f(x)$．

$$d^0(x^*)(a) = x^* \circ \partial_1(a) = x^*(x+y) = 1+0 = 1 = (a^*+c^*)(a),$$
$$d^0(x^*)(b) = x^* \circ \partial_1(b) = x^*(y+z) = 0+0 = 0 = (a^*+c^*)(b),$$
$$d^0(x^*)(c) = x^* \circ \partial_1(c) = x^*(z+x) = 0+1 = 1 = (a^*+c^*)(c).$$

よって
$$d^0(x^*) = a^*+c^*.$$

同様に
$$d^0(y^*) = a^*+b^*, \quad d^0(z^*) = c^*+b^*$$

となる[36]．また，今，(-1)-単体，2-単体，3-単体がないので，
$$0 \xrightarrow{d^{-1}} C^0 \xrightarrow{d^0} C^1 \xrightarrow{d^1} C^2 \xrightarrow{d^2} 0$$

という写像列となる．

三角形のコホモロジーを計算するための準備はできた．$H^i(\triangle xyz)$ ($i = 0, 1, 2$) を計算していこう．

- ($H^0(\triangle xyz)$)

  まず，$\triangle xyz$ には，(-1)-単体（というもの）がないことに注意しよう．すると，$H^0(\triangle xyz) = Z^0(\triangle xyz)$ となる．C^0 の定義から，$C^0(\triangle xyz)$ の元をすべて書き出すと
  $$0, x^*, y^*, z^*, x^*+y^*, y^*+z^*, z^*+x^*, x^*+y^*+z^*$$
  である．Z^0 を計算するには，上でも計算しているように
  $$d^0(x^*) = a^*+c^*, \quad d^0(y^*) = a^*+b^*, \quad d^0(z^*) = c^*+b^*$$
  を見ればよい．$d^0(\cdot) = 0$ を満たす元は 0 と $x^*+y^*+z^*$ のみである．よって
  $$Z_1(\triangle xyz) = \langle \{x^*+y^*+z^*\} \rangle.$$
  したがって，$H^0(\triangle xyz) = Z^0(\triangle xyz) = \langle \{x^*+y^*+z^*\} \rangle = \mathbb{Z}_2$.

- ($H^1(\triangle xyz)$)

  定義から $Z^1(\triangle xyz) = C^1(\triangle xyz)$ であり，それは $\langle \{a^*, b^*, c^*\} \rangle$．上で見てきたように，$a^*+c^* = d^0(x^*)$ となるので，$a^* \sim c^*$．同様に $a^*+b^* = d^0(y^*)$, $c^*+b^* = d^0(z^*)$ であるから，$a^* \sim b^*$ かつ $c^* \sim b^*$．これで d^0 による関係式はすべて書けており，かつ $a^* \sim 0$ とはならない．

  以上から，$H^1(\triangle xyz) = \langle \{a^*\} \rangle = \mathbb{Z}_2$.

- ($H^2(\triangle xyz)$)

  2-単体は $\triangle xyz$ に存在しないので，0ではない2-コチェインも存在しない．$C^2(\triangle xyz) = 0$ であり，$H^2(\triangle xyz) = 0$．

以上をまとめると，

$H^0(\triangle xyz) = \langle \{x^* + y^* + z^*\} \rangle = \mathbb{Z}_2$,

$H^1(\triangle xyz) = \langle \{a^*\} \rangle = \mathbb{Z}_2$,

$H^2(\triangle xyz) = 0$.

位相同形による同一視 $\triangle xyz = S^1$ を使って書き直すと，

$H^0(S^1) = \mathbb{Z}_2, \quad H^1(S^1) = \mathbb{Z}_2, \quad H^2(S^1) = 0$

となる．

脱線話：係数となる群が G の加群

一般に，$s_1, s_2, \cdots, s_m$ という元たちが生成する加群とは，係数となる可換環 G（難しければ，G が $\mathbb{R}$ であるときをイメージしてほしい）を用いて，集合

$\{\lambda_1 s_1 + \lambda_2 s_2 + \cdots + \lambda_m s_m | \lambda_1, \lambda_2, \cdots, \lambda_m \in G\}$

のことだと同一視できる．この G を加群に対する**係数となる群**と呼ぶ．ただし，この「集合」は優秀にも属している元たち（例えば v, w）に「足し算 $(v+w)$ や引き算 $(v-w)$，係数の掛け算 (αv や $\alpha(v+w) = \alpha v + \alpha w$，$(\alpha+\beta)v = \alpha v + \beta v$）」などを可能にさせたいので「加群」といういかめしい名前となっている．ちなみにベクトル空間は係数が体の加群を指す．プロの世界では，パラレルに議論が進む場合，頭の中で適宜加群とベクトル空間を入れ替えて話を進めるため，とりあえずベクトル空間と言って話してしまうことがよくある．この集合を V とおけば，任意の $v, w \in V$ について，$\alpha v + \beta w \in V$ となることを理解しておこう．したがって，V を生成する生成元たちや，生成元の振る舞いを完璧にとらえられれば，基本的にはその V をすっかり理解できたことになる．

---

36) ここから気づいた読者もいると思うが，$\mathbb{Z}_2$ の場合，任意の i-単体 c に対応するコチェイン c^* に対して $d^i(c^*)$ は c を奇数回含む $(i+1)$-単体すべての和である．意欲的な読者には簡単な計算だと思うので確かめてほしい．

2.8 付録：初学者のために
——曲面の展開図の書き方速習法

まず，世の中で考えられる基本図形として多角形がある．多角形の中でも平面においた偶数角形を考えよう．この偶数角形のすべての辺をちょうど2つずつペアにして同一視し，貼り合わせ，辺がすべて相手とくっついたものを**曲面**と呼ぶことにしよう．それは $\mathbb{R}^3$ の中で何かの「図形」となっている．この節では，「向き付け可能[37]」と言われる曲面をすべて書くことができるように，その展開図と，曲面の起こし方を説明するものである．

ここで登場する「貼り合わせ」は第2.3節で「位相的貼り合わせ」と述べているもののことである．頂点，辺，面に有限回「位相的貼り合わせ」をしたものが，複体と呼ばれる「図形」であった．今，そのような図形の中でも特に1枚のシートで図2.9のように記述されるものを考えている[38]．

この様子を理解しよう．2辺形の場合，それは球面となっている（次ページ図2.10の左）．

4辺形の場合，トーラスとなっている（図2.10の右）．

では6辺形の絵となったときにどう考えれば良いか？ その一つの考え方を説明しておく．6辺形といえど1本補助線を引いて分割すると2つの3辺形（038ページ，図2.11の A と B）に分割される．補助線上では，（プラモデルの組み立て作業のように接合部分として）最後に貼り合わせることを考えよう．

まず，トーラスを構成したときとまったく同じように4辺の貼り合わせを行い，一人浮き輪（実は穴が空いているので，一人浮き輪「もどき」）を構成する（図2.9）．ここで補助線を引いた部分は貼り合わずに残っていることに注意しよう．しかも補助線を引いたときの端は A 側の一人浮き輪もどきを組

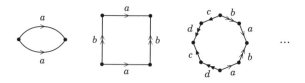

図 2.9 向きが付けられる曲面たちは，1枚のシートによって記述される（左から，球面，トーラス，ダブルトーラス，…）．

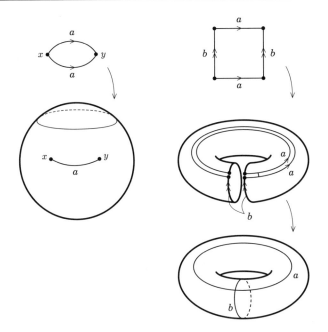

図 2.10 1枚のシートの4辺を2辺ずつ組み合わせて貼り合わせる(位相的貼り合わせをする)ことによってできる一人用浮き輪(トーラスと呼ばれる).

み立てているときに同一視され(貼り合わされ)る．したがって補助線は円周の形になっている．

同様に，B パートも一人浮き輪もどき(穴の一つ空いたトーラス)に組み立てることができる(039 ページ，図 2.12)．ここでも，最初に我々が引いた"補助線"を見てみると，それは円周をなしている．

最後に補助線による円周に沿って，A パートと B パートを貼り合わせることを考えると，それは，2人乗り浮き輪(数学に通用する名前としては「ダブルトーラス」)ができる．

ダブルトーラスをつくったときのように，一般に $4n$ 辺形でも，補助線を $(n-1)$ 個引いて考えると，一人乗り浮き輪を次々に接合していくこととなり，結果的に n 人乗り浮き輪になる(040 ページ，図 2.13)．

この曲面に対する n は**種数**と呼ばれる．結び目種数を扱うときは，ここに

---

37) 曲面の方向が全体として矛盾なく入っているような曲面だと思ってほしい．腕に覚えのある人向けには，ホモロジーにトージョンパートが出てこない曲面のこと，としておく．

38) なぜこれを選んだかというと，これらは「向き付け可能閉曲面」と呼ばれる良い性格を持った曲面たちだからである．世の中には「メビウスの帯」といった向きに関して不思議な振る舞いをするものがあって，それを述べることは簡単であり充分に魅力的であるのだが，ここではそれに立ち入らない．

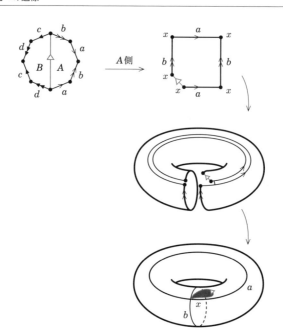

図 2.11 A パートと B パートの 2 つに補助線（点線）によって分割して，A パートを組み立てる．組み立てると補助線は円周となる．

円板 1 個を空けていても曲面の種数と呼んでいる．

上記で，トーラスの描き方を読者は学んだ．その展開図は長方形で描かれていて，縦を a，横を b とすると，a, b はともに円周となっていることも容易に観察できよう．

もしも第 2.5 節あるいは第 2.6 節を読まれた方は[39]，ホモロジー $H_1(T^2)$ が，この a と b $(a \neq b)$ の生成する加群 $\langle \{a\} \rangle \oplus \langle \{b\} \rangle$ と同型であることを学んでいることになる．

トーラスは，結び目と同様に $\mathbb{R}^3$ に埋め込まれるときに結ばれたり，ねじられたりしても埋め込まれる．このように考えるとき，トーラスは結び目を $\mathbb{R}^3$ 内で太らせたときの表面だと思うことができる．トーラスに対し結び目がこの関係にあるとき，「トーラスの核となる結び目」という．また，第 3 章において枠付き結び目という，帯で描く結び目を学ぶが，「トーラスの核となる結び目」を考えるとき，帯の幅を少しずつ長くしていくことで，太っていく結び目の表面に貼り付けたままトーラスとぴったり重ねることが考えられ

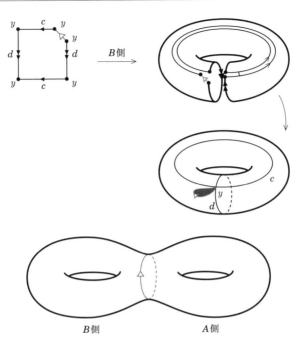

図 2.12 A パートと同じように B パートも組み立てる．組み立てると補助線は円周となる．最後にもともとくっついていた円周（1 シートに展開していたときは"補助線"）に沿って A パートと B パートを貼り合わせると 2 人用浮き輪になる（数学的にはダブルトーラスと呼ばれる）．

る．この意味で，「トーラスの核となる枠付き結び目」というものがトーラスの結ばり具合・ねじられ具合を統制していることが理解される[40]．さて，$\mathbb{R}^3$ 内の枠付き結び目が自明であるとは，結び目がほどけていてかつ，帯もねじれていないことである．もしもトーラスの核となる枠付き結び目が自明ならば，そのトーラスは $\mathbb{R}^3$ に自明に埋め込まれているという．

トーラスが $\mathbb{R}^3$ に自明に埋め込まれているとき（図 2.10），a, b それぞれを境界にする円板が考えられる．このとき，トーラス内部に入る円板の境界になっている方をメリディアン（図 2.10 では b），そうでない方をロンジチュードという．

定義 2.18

(p, q)-トーラス結び目 $T(p, q)$ とは，$\mathbb{R}^3$ に自明に埋め込まれたトー

---

39) 読まれていない人はこの段落だけ無視して，後でぜひ読んでみてほしい．
40) これから分野を選ぼうとする読者は，この考えが 3 次元多様体の結び目による研究において基礎的な考えであることを心に留めておこう．

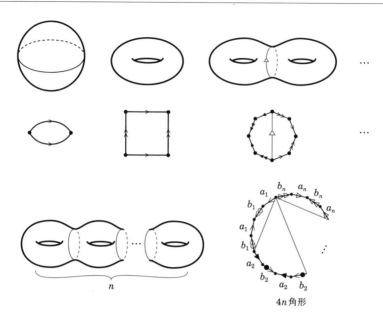

図 2.13 n 人用浮き輪が，1 枚のシートからできるようす

ラス上の単純閉曲線(交点を持たない閉じた曲線)と $\mathbb{R}^3$ で同値な結び目のことであり，ロンジチュード方向に p 回，メリディアン方向に q 回巻きつくものである．

定義から直ちに次がわかる．

$T(p,q)$ と $T(q,p)$ は同値な結び目である．

図 2.14 (次ページ) は $(4,3)$-トーラス結び目の例である．読者はじっくり観察して，ほかのトーラス結び目を描いてみてほしい．

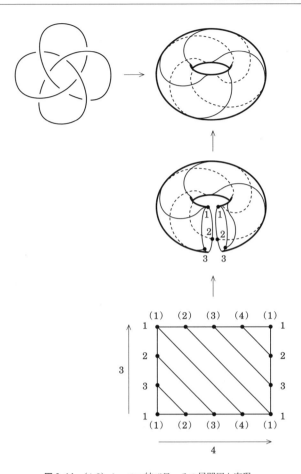

図 2.14 $(4,3)$-トーラス結び目，その展開図と実現．

第3章

ジョーンズ多項式の登場

3.1 1984年の衝撃

1984年にジョーンズ多項式は登場した．その前後のカルフォルニア・バークレーでは一体何が起きたのであろう？

2000年以降に数学研究を開始した我々にとって，もはやそれは推し量るしかないのであるが，筆者の先生の世代は，きっとそれを目の当たりにしたに違いない[1]．

それまでは，結び目を判別する主な道具といえば，最初の結び目の多項式不変量と言われるアレクサンダー多項式であった．これはジョーンズ多項式の発見(1984年)よりもずっと前の1928年にアレクサンダーによって発見されたものである．アレクサンダー多項式は，多くの定義を持つ．それだけ多様な観点で捉えられるということなのだろう．今でもアレクサンダー多項式は，新しい視点で捉え続けられる新鮮なものである[2]．例えば，アレクサンダー多項式は次に述べるような「結び目の向き」に関しては強力である(以下，本章ではその性格上，結び目射影図のことを結び目図式と呼ぶことにする)．結び目に向きをつけようとするとき，結び目図式に矢印を書けばよい．そのとき紐には高々2通りの向き付けがある．しかし，結び目はゆらゆらと動かせるので矢印の2通りのつけ方から与えられる2つの結び目がなすペアは一致し，向きを込めてぴったり重ね合わせられるかもしれない．実際，第2.2節の表2.1にある3_1-7_7で向きをつけてみると，このようなペアはどれも一致する．この表には続きがあり調べていくと8_{17}という結び目があり，これは実は向き付けによって2通りの結び目が出てくる．このような向きに関する判定問題を一般的に解くことは極端に難しく，与えられた結び目の向きの判定を一般的に行うことは未解決問題となっている．しかしながら，8_{17}を

含む少なくない結び目については，アレクサンダー多項式を詳しく調べることで判定できる[3]．一方，ジョーンズ多項式が登場した直後から既にある程度問題になっているものの[27, §11 3.]，ジョーンズ多項式から拡張される不変量が何らかの方法でその向き付けの判定に寄与するかしないかはまだ明らかになっていない．

　結び目の対称性を研究するもう一つの代表的な視点は鏡像関係である．結び目を鏡に映したときに鏡に映りこんでいる相手もまた結び目であるが，両者が（ゆらゆらと結び目を動かしていくと）一致するかしないか？という2者関係の判定は見ただけでは容易にはわからない．ところがジョーンズ多項式は，かなりの範囲でそのペアを判別する．しかも以下で述べるようにきわめて簡単な方法で一方のジョーンズ多項式から他方のジョーンズ多項式を得ることができる．

　ジョーンズ多項式は1変数 t の多項式であり，K を向き付き結び目，t を変数としたときに，（伝統的には）$V_K(t)$ と表される．これは，ちょと高等な見方をすると，向き付き結び目すべてからなる集合から $\mathbb{Z}[t, t^{-1}]$ への写像を定義しているとも言い換えられる．**結び目の不変量**とは，（各結び目が，向き付きあるいは向きなしであるかは考えている状況に依存するが）結び目の集合からよくわかっている集合（ここでは $\mathbb{Z}[t, t^{-1}]$）への写像のことをいう．

　ここで，ある向き付き結び目の図式を D_K とし，D_K の鏡像を D_{K^*} とする．D_{K^*} は1つの結び目 K^* を定める．この両者のジョーンズ多項式は

$$V_{K^*}(t) = V_K(t^{-1})$$

を満たす．すなわち，もし，

$$V_K(t) \neq V_K(t^{-1})$$

ならば，結び目 K と，その鏡像 K^* は異なる結び目である．

　一方，アレクサンダー多項式は1変数 t の多項式であり，向き付き結び目 K に対して（伝統的に）記号 $\Delta_K(t)$ で表される．これもジョーンズ多項式と同様に向き付き結び目すべてからなる集合から $\mathbb{Z}[t, t^{-1}]$ への写像を定める．これは結び目の判別にきわめて有効な道具であるのだが，向き付き結び目 K

---

1) 文献として[27]を挙げておく．当時の興奮した雰囲気を感じ取ることができる．
2) アレクサンダー多項式の定義だけをざっと考えても3つ以上はある．また，その背後の代数構造あるいは拡張になるものは，現在活発に研究されているものは枚挙に暇がない．カンドル，高次アレクサンダー加群，捻れアレクサンダー多項式や結び目フレアーホモロジーなどさまざまである．アレクサンダー多項式は，ジョーンズ多項式と統一するような見方，すなわち量子不変量としても捉えられる．
3) 河内明夫によって1979年に証明された[4]．特に 8_{17} の向き付けを判別する問題については，別の方法でボナホン-シーベンマン（F. Bonahon-L. Siebenmann）も同時期に独立に証明している（例えば[28]を見られたい）．

とその鏡像 K^* に対しては
$$\Delta_K(t) = \Delta_{K^*}(t)$$
となることが知られている．

　この本では紙数の都合により解説しないが，アレクサンダー多項式が基本群（というもの）から導かれる行列の行列式をとることで得られるのに対して，ジョーンズ多項式は量子群（というもの）から得られる行列のトレースをとることによって得られる．筆者は長らく不変量作成というところに身を置いているが，「（伝統的に使われてきた）行列式ではなく，トレースを見た」という発想の転換は，簡単なように見えるが，新しい発想という意味で大きかったのではないかと考える．

　また，上記で「行列」という言葉を連発したが，一般に様子が不明な（複雑な）代数構造を探るためには，我々はその代数構造を（若干情報を落としつつも）保つような行列に話を落とし込んでその行列の様子を調べることでもとの代数構造を明らかにすることが多い．これのような行列は通常，表現行列と呼ぶ．複雑なものは，シンプルな構造の組み合わせと見て詳細を検討していくのである．その意味で**表現論**とよばれる分野が，数学のいずれの分野でも顔を出すのは，当然である．

3.2　ジョーンズ多項式の定義

　多くの人はジョーンズ多項式を目にすると，絵と式が一緒になっている楽しい印象をもつようである．読者もそうであれば筆者は嬉しい．しかし，絵と式がごちゃまぜになっていて，なんだか扱いにくい印象を受ける人もいるかもしれない[4]．本節ではそのあたりをじっくり嚙み砕いていきたい．

　まず，向き付きでない結び目の図式を考える．いくら複雑な結び目図式であろうと，すべての交点は次のように表されている．

この交点がある「状態」2つの重ね合わせだと思うことにする．あなたはぎょっとするだろうか？ ぎょっとする人には2つの視点を整理しておく．

視点1

今,ある結び目図式をインプットすると数を出力するような関数をイメージしてみよう.数にパラメーター加えて,より俯瞰的に関数を与えることが有効なときは,結び目図式をインプットすると,そのパラメーターを文字とする文字式を出力する写像を考える.写像とは関数を一般化した概念であったことを思い出して欲しい.では,結び目図式の文字式はどのように決めるのがセンスが良い(良さそう)だろうか? そこで一つのアイディアとして,次のように統計力学に近い考えを用いるのである.

視点2

今,我々は結び目図式の情報をそのまま扱うのではなく,そこから何か情報を取り出そうとしている.結び目図式の情報はどこからとってくるのだろうか? 情報を取ってくるには実にさまざまな方法がある.その多様さが不変量作成の醍醐味の一つである.ここではさまざまある情報の抽出方法から一つを選んで不変量(写像 f)を1つ定める,ということになる.では結び目図式の情報はどこに集約されているだろうか? ぱっと目につくのは,"特異点"(ほかと違った点)と呼ばれる箇所である.結び目図式 D がいくつかエネルギー状態 s をもち,それを特異点 p ごとに決まる数 $\mathrm{wt}(p)$ でカウントするという考え方を式でふんわりと書いてみると,考える写像 f は次のような形になる:

$$f(D) = \sum_{s:Dの状態} \left(\prod_{p:状態sに属する特異点} \mathrm{wt}(p) \right).$$

それでは,(視点1)を踏まえた上記(視点2)を参考に,以下で深く掘り下げていこう.まず着目すべきは "特異点" である."特異点" の一つは交点

であり,もう一つは,極大・極小点

---

4) 余談(しかし重要な余談)をすると,筆者が初めてジョーンズ多項式を目にしたときは,スケイン関係式と言われるものによる定義を見てしまったために,釈然としない気持ちでいっぱいになり,「扱いにくい」かつ「モチベーションがよく分からない」不思議なものを見てしまった印象を持った.筆者は結び目の取り扱いについて最初から積極的にのめり込んだわけでなく,ホモロジー論や量子群を学んだ後で,結び目の重要性に気づいて勉強を開始した.先日,他分野の方にジョーンズ多項式の定義を説明したが,やはりスケイン関係式の定義は最初は珍しいものに見えたようだ.

である．では交点に対して考えてみよう．まずは，ある交点 c に注目して考える．この交点(紐の重なり)は，ある状態では ⌣⌣ となっていて，ある状態では)(となっているとする．そして，それらの状態の存在確率の比重がそれぞれ A_c と B_c であったとしよう．すると，その存在確率を与える写像 $\langle \cdot \rangle$ は次の関係式を満たすであろう，と考えてセッティングする（あくまで「気持ち」を書いているので確率全体の設定についてどうするなどは，ここでは気にしないでほしい）．

$$\left\langle \times \right\rangle = A_c \left\langle \asymp \right\rangle + B_c \left\langle)(\right\rangle$$

今，我々は「ある交点 1 つ」しか見ていないので，A_c や B_c は c で決まるのだが，c の選び方に依存しない量 A と B がもしあれば扱いやすい．そこで，とりあえず，そういう A や B が存在する幸運を祈って

$$\left\langle \times \right\rangle = A \left\langle \asymp \right\rangle + B \left\langle)(\right\rangle$$

と設定する．この式を使うと，与えられた結び目図式 D に対して下記の展開式(3.1)が導かれる．ただし，s はすべての交点 × を ⌣⌣ もしくは)(にとりかえたものであり，**状態**（あるいは同義の英語のまま**ステイト**）とよぶことにする．状態 s を一つ決めたときに，D に対して ⌣⌣ をいくつ選んできたかという個数を $a(s)$，対して)(を選んだ個数を $b(s)$ とする．このとき $\langle D \rangle$ を次の式(3.1)によって定義する．

$$\langle D \rangle = \sum_s A^{a(s)} B^{b(s)} \langle s \rangle. \tag{3.1}$$

次に，⌣ と ⌣ に注目するという気持ち[5]から，s に含まれる円周の個数を $|s|$ とする．これを用いて，

$$\langle s \rangle = \delta^{|s|}$$

とおく[6]．ただし，δ はパラメーター A, B を含む文字式とする．

さて，ここまでは，結び目図式からある写像を得ることに集中していたが，

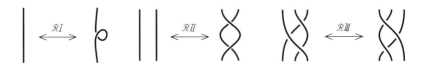

図 3.1 ライデマイスター移動 $\mathcal{R}\mathit{I}$, $\mathcal{R}\mathit{I\!I}$, $\mathcal{R}\mathit{I\!I\!I}$

目にしている $\langle D \rangle$ が結び目の不変量となるように整えておこう．（第7章で詳しく触れるが）ある結び目から得られるすべての結び目図式は図 3.1 の 3 種類の局所変形による有限列で移りあうことが知られている．例えば $\mathcal{R}\mathit{I\!I}$ は $\langle\cdot\rangle$ にどのような条件を要請するか観察しよう．

$$\langle\rangle = A^2 \langle\rangle + AB \langle\rangle$$
$$+ BA \langle\rangle + B^2 \langle\rangle$$
$$= BA \langle\rangle + (A^2 + B^2 + AB\delta) \langle\rangle.$$
(3.2)

今，ほしい式 $\langle\cdot\rangle$ は**結び目図式の交点の位置に依存してほしくはない**，とする．すると少なくとも $AB = BA$ は成り立ってほしい条件である．さらに，$\mathcal{R}\mathit{I\!I}$ と式 (3.2) の要請から $BA = 1$, $A^2 + B^2 + AB\delta = 0$ となってほしいので，B を A の積の可逆元 A^{-1} だと定義すれば，

$$B = A^{-1}, \quad \delta = -(A^2 + A^{-2})$$

となる．

この B と δ は $\mathcal{R}\mathit{I\!I\!I}$ の不変性を壊さないだろうか？と心配になるが，これ

---

5) （余談）この 2 つは局所的に接ベクトルが水平方向を向いている点のことである．もし，最初の結び目図式 D が無限個の水平方向の接ベクトルをいくつか持つならば，D' を有限回若干ずらして取り直しておく．そこで，与えられた状態 s に対して ⌢ と ⌣ の個数の平均を取り，その最小値を求めてみよう．適当な平面イソトピーにより，s は有限個の互いに交わらない円周となるから，この最小値は $|s|$ であることがわかる．

6) ここが少し天下り的に感じるかもしれないので，あとでもう少し違った視点を述べて，ここでの定義の自然さを述べることにする．ちなみに円周 $\bigcirc$ に対して $\langle \bigcirc \rangle = 1$ を満たすようにしたい人は，$\langle s \rangle = \delta^{|s|-1}$ とおいてほしい．ここでは図式 $\emptyset$ のとき $\langle \emptyset \rangle = 1$ となるようにしている．

については，次のように確かめられる．

$$\left\langle \diagup\!\!\!\!\diagdown \right\rangle = A \left\langle \smile\!\!\frown \right\rangle + A^{-1} \left\langle \diagup\!\!\!\!\diagdown \right\rangle$$

$$= A \left\langle \frown\!\!\smile \right\rangle + A^{-1} \left\langle \diagup\!\!\!\!\diagdown \right\rangle$$

$$= \left\langle \diagup\!\!\!\!\diagdown \right\rangle$$

以上から $R\mathit{II}$ と $R\mathit{III}$ を満たす写像 $\langle\cdot\rangle$ が見つけられる．このような写像を正則イソトピー不変量と呼ぶ（見方を変えるとこのような写像も結び目の不変量を与えているといえる[7]）．

最後に $R\mathit{I}$ について見ておく．

$$\left\langle \text{curl} \right\rangle = A \left\langle \bigcirc\ \cup \right\rangle + A^{-1} \left\langle \cup \right\rangle$$

$$= (A(-A^2-A^{-2})+A^{-1}) \left\langle \cup \right\rangle$$

$$= -A^3 \left\langle \cup \right\rangle .$$

ここで，結び目 K に対して向き付き結び目図式 D を一つ選んだとき，

$$w(D) := D\text{の中にある}\ \diagup\!\!\!\!\diagdown\ \text{の個数} - D\text{の中にある}\ \diagdown\!\!\!\!\diagup\ \text{の個数}$$

で定義される整数 $w(D)$ を用いて $(-A^3)^{-w(D)}$ を補正として $\langle\cdot\rangle$ に掛けておけば D の取り方に依存しない多項式が得られる．

ここで2点補足しておこう．

補足 3.1

$w(D)$ は D の向きの選び方に依存しない．

$w(D) = D$ の中にある の個数 $-D$ の中にある の個数という定義に戻れば，D の向きを反対にしても は を 180 度回転したものがでてくるし， もそうであるからである．

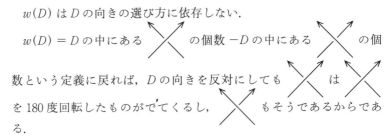

補足 3.2

D に交点の増える方向に $\mathcal{R}I$ を行って D' になったとすると，$w(D) + 1 = w(D')$ である．したがって $\langle \cdot \rangle$ の値には $(-A^3)^{w(D)}$ だけ乗算される．よって，その逆数 $(-A^3)^{-w(D)}$ を掛けておけば，$\mathcal{R}I$ で不変な量が導かれる．

以上より
$$(-A^3)^{-w(D)} \langle D \rangle$$
が結び目 K をいくら変化させても[8]変わらない量(多項式)が得られた．これをジョーンズ多項式と呼ぶ．

スケイン関係式とジョーンズ多項式の一般化

実は，ジョーンズ多項式 $V_K(t)$ は，結び目よりも広い概念である**絡み目** L に対する多項式 $V_K(t)$ として考えられることも多い（結び目は空間内の閉じた1本の紐というならば，空間内の互いに交わらない有限本の紐が**絡み目**である）．すると，ほどけている結び目 U に対して $V_U(t) = 1$ として，次の**スケイン関係式**というもので定義することもできる．

---

7) 結び目図式の線を帯状に書くとリボンのような帯の埋め込みの図だと考えることができる．閉じた帯を表す結び目，結び目図式を，それぞれ枠付き結び目，枠付き結び目図式という．帯は境界が2つあるので一方を b_1，他方を b_2 と書くとする．この(閉じた)帯(リボン)が結び目を一周するときに b_1 が b_2 に何回巻きついているかをカウントすることを考える．与えられた結び目に対して，この数が0の結び目図式をいつも考えるということにすれば，$\mathcal{R}II$ と $\mathcal{R}III$ の不変性をチェックするだけで結び目不変量が取り出すことができていることに気づく．

8) しつこいが，K には無限通りの表し方(結び目図式)があることに注意してほしい．

パラメーター t を $A^{-4}=t$ とするとき，

$$t^{-1}V_{\diagup\!\!\!\diagdown}(t) - tV_{\diagdown\!\!\!\diagup}(t) = (t^{\frac{1}{2}}-t^{-\frac{1}{2}})V_{)(}(t).$$

一方，**HOMFLY-PT 多項式**と呼ばれる 2 変数多項式 $P_L(x,y)$ があり，これはジョーンズ多項式の一般化である．すなわち，$P_U(x,y)=1$ として

$$x^{-1}P_{\diagup\!\!\!\diagdown}(x,y) - xP_{\diagdown\!\!\!\diagup}(x,y) = yP_{)(}(x,y)$$

によって定義される．

　現在，この HOMFLY-PT 多項式は量子群，表現論，あるいは圏論化というあらゆる文脈で登場し，それぞれの意味でジョーンズ多項式の一般化となっていることが知られている．本章でみたようにジョーンズ多項式は状態(ステイト)というものが，幾何的な取り扱いをしやすくしていた．

　HOMFLY-PT 多項式については，現在 MOY 多項式(村上斉-大槻知忠-山田修司による多項式)とよばれる状態(ステイト)が与えられている．国際研究集会だと "Murakami-Ohtsuki-Yamada" と単にいえば通じる雰囲気である．初学者にとってはありがたいことに日本語による解説[29]がある．

# 第4章

ジョーンズ多項式の分析

4.1　1984年の多項式は一体何だったのか？

　1984年のジョーンズ多項式は何であったのかということについて，（あらゆる解釈がなされているが）次の2通りの解釈は有名である．一つは，神保道夫とウラジーミル・ドリンフェルト(V. G. Drinfeld)が独立に発見した量子群というものから導かれるという解釈である．もう一つは，エドワード・ウィッテン(E. Witten)の解釈により物理学(特にChern-Simons理論)から導かれるということである．なお，ドリンフェルト，ウィッテンはヴォーン・ジョーンズ(V. F. R. Jones)と同じ1990年にフィールズ賞を受賞している．

　実は一つ目の視点から，もしくは2つ目の視点から書かれた初学者でも入りやすい日本語テキストはすでに存在する[1]．そこでここでは，一つ目の方法に属しており結び目理論の専門家は暗黙に知っているのにもかかわらず，ほかの分野の研究者の方や初学者がそこまで慣れてはいない方法で，ジョーンズ多項式というものを深めていく．読者は本章から第6章に進むにしたがって圏論化(カテゴリフィケーション，categorification)の視点へと自然に繋がっていくことに気づくだろう．

　以下，本章ではその性格上，結び目射影図のことを結び目図式と呼ぶことにする．

4.2　ジョーンズ多項式の分析

　第3章で，ジョーンズ多項式というものが(多少の正規化はあるものの)$\langle \cdot \rangle$という写像で書くことができることを学んだ．この$\langle \cdot \rangle$を**カウフマンブラケット**と呼ぶ．しかし，これはどこの教科書にも書いてあることで，それ

---

1) 前者の方法については，[30]および[31]．後者は[32]．

ばかりを眺めていて何かを想起するのは，専門家か，物理学から入った人か，もしくは何かしらの特別な才能を持った人であろう．カウフマンブラケットというものが，どうして行列の言葉で記述されるのだろう？ という素朴な疑問は，第3章を眺めた（予備知識のない初読の）人は感ずるに違いない．

結び目図式は大抵は平面上に描かれる．この結び目の「絵」を眺めたときに[2]，その特徴は一体どこに現れるだろうか？ できるだけ「細かく」見てみよう．かつて1962年にフィールズ賞を受賞したミルナーはモース理論の考えをもちいて，7次元球面に複数の微分構造が存在することを示した[3]．モース理論というのは，名前の響きが高貴すぎて近寄りがたい雰囲気がするが，ここでは，「局所的な特異点を調べると全体の様子がわかる」といった感じのことをイメージしていただければよい．要は地図上のあらゆる特徴のあるランドマークを訪ねると，その町全体がなんとなくわかった気分になり，こと数学においては，これが「気分だけでない」ことを証明したりするのだ．

長々と前振りをしたが，読者はどう思っただろう？ 例えば目に付くランドマークとして次の箇所がある．

- 交点の部分
- 極小点と極大点の部分

上記の交点，極小点，極大点というものは，ほかの部分と違うので**特異点**と呼ばれることもある[3]．与えられた結び目図式を平面上にうまくおき，必要ならば紐のたわんだ部分をまっすぐにするなど微調整を施すと[4]，その結び目図式は上記の交点，極小点，極大点，そしてまっすぐな線分に分解される．

さてジョーンズ多項式の成り立ちを分析するために，カウフマンブラケットの情報というものを振り返る．まず，交点のない場合をみて調べることから始めてみよう．定義式は

$$\langle \bigcirc \rangle = -A^2 - A^{-2}$$

であった．

ここで自分が**ものすごく物分かりが悪くなった**と思うと[5]，

$$\langle \bigcirc \rangle = (-1)^{\frac{1}{2}}A \cdot (-1)^{\frac{1}{2}}A + (-1)^{\frac{1}{2}}A^{-1} \cdot (-1)^{\frac{1}{2}}A^{-1}$$

$$= (-A^2)^{\frac{1}{2}}(-A^2)^{\frac{1}{2}} + (-A^2)^{-\frac{1}{2}}(-A^2)^{-\frac{1}{2}}$$

であるから，円周は「2つ」ないし「4つ」，何かしらの「図」から構築されるであろうと観察される．

以下，この観察に基づいて，結び目の局所的な「図」に対して A, A^{-1} からなる多項式を値として出力する写像 wt(·) を定義するための「推理」を進めていこう[6]．

例えば ◯ は ◡ と ◠ の和に分解されると思えば，

$$-A^{-2} = \mathrm{wt}\!\left(\bigcirc\right) = \mathrm{wt}\!\left(\smile\right)\mathrm{wt}\!\left(\frown\right)$$
$$= (-A^2)^{-\frac{1}{2}} \cdot (-A^2)^{-\frac{1}{2}},$$

$$-A^2 = \mathrm{wt}\!\left(\bigcirc\right) = \mathrm{wt}\!\left(\smile\right)\mathrm{wt}\!\left(\frown\right)$$
$$= (-A^2)^{\frac{1}{2}} \cdot (-A^2)^{\frac{1}{2}}$$

という形で，ひとつの「解釈」を与えることができる．つまり，円周の $\frac{1}{2}$ 回転で，正の向き（反時計回り）が $(-A^2)^{\frac{1}{2}}$，負の向きが $(-A^2)^{-\frac{1}{2}}$ に対応していることが観察される．したがって，D の交点，◡，◠ を**基本パーツ**と呼ぶことにするとき，結び目図式の基本パーツに対して値を返すような写像 wt が存在するならば，次式(4.1)を満たすことが期待できる．この写像 wt の値を**ウエイト**と呼ぶことにする．

$$\begin{aligned}\mathrm{wt}(\smile) = \mathrm{wt}(\frown) &= (-A^2)^{-\frac{1}{2}}, \\ \mathrm{wt}(\smile) = \mathrm{wt}(\frown) &= (-A^2)^{\frac{1}{2}}.\end{aligned} \quad (4.1)$$

以下，式(4.1)が成立するとして話を進める．ただし上記の「解釈」は円周に向きをつけることで実現したことに留意しておく．

今度は交点の周りにどのような数（ウエイト）を乗せていけば良いのかをみていこう．先ほどは1つの円周が x^2+y^2 の形に分解される意味をみたので次も同じように考えてみる．ここで，まずは1つの交点の周りだけをとりあ

---

2) 結び目を結び目図式で捉えるのがベターなときとそうでないときは一体どういう状況なのか，一度は考えてみたい，という人も一定数いるとは思うが，その話は別の機会としたい．
3) そして，結び目理論を丁寧に眺めていくと，実は特異点に注目するという行為で理論が出来上がっていることが随所で見られることに気づく．
4) 正確に述べると「平面イソトピーで動かす」ということである．
5) 世の中の多くの場面ではよくない態度かもしれないが，数学研究の現場では大事な姿勢である．
6) 数学の証明では「推測」とか「推理」という行為は出てこない．しかし，数学研究においては大いにすることである．

えず分析する．カウフマンブラケットの定義式の一つである

$$\left\langle \diagup\!\!\!\!\diagdown \right\rangle = A\left\langle \asymp \right\rangle + A^{-1}\left\langle)(\right\rangle$$

から，交点に関する数 $\mathrm{wt}\left(\diagup\!\!\!\!\diagdown\right)$ が，2つの数 $\mathrm{wt}\left(\asymp\right)$ と $\mathrm{wt}\left()(\right)$ から計算されると考えてみよう．先ほどの「解釈」と同様，交点を平滑化したあとに向きをいれることで，その意味合いを分析するのである．すなわち，wt という数は次の式を満たすことが期待される．

$$\mathrm{wt}\left(\diagup\!\!\!\!\diagdown\right) = A\,\mathrm{wt}\left(\asymp\right) + A^{-1}\mathrm{wt}\left()(\right).$$

ここで，この local な「絵」への向きのつけ方がちょうど4通りであるから，数 $\mathrm{wt}\left(\asymp\right)$ は次の値のリストから記述されるだろうと推理される．

$$\mathrm{wt}\left(\asymp\right),\ \mathrm{wt}\left(\asymp\right),\ \mathrm{wt}\left(\asymp\right),\ \mathrm{wt}\left(\asymp\right).$$

各項は，取り決めた式(4.1)から，それぞれ次式(4.2)のように計算される．

$$\begin{aligned}
\mathrm{wt}\left(\asymp\right) &= \mathrm{wt}\left(\smile\right)\mathrm{wt}\left(\frown\right) \\
&= (-A^2)^{\frac{1}{2}} \cdot (-A^2)^{\frac{1}{2}}, \\
\mathrm{wt}\left(\asymp\right) &= \mathrm{wt}\left(\smile\right)\mathrm{wt}\left(\frown\right) \\
&= (-A^2)^{-\frac{1}{2}} \cdot (-A^2)^{-\frac{1}{2}}, \\
\mathrm{wt}\left(\asymp\right) &= \mathrm{wt}\left(\smile\right)\mathrm{wt}\left(\frown\right) \\
&= (-A^2)^{\frac{1}{2}} \cdot (-A^2)^{-\frac{1}{2}}, \\
\mathrm{wt}\left(\asymp\right) &= \mathrm{wt}\left(\smile\right)\mathrm{wt}\left(\frown\right) \\
&= (-A^2)^{-\frac{1}{2}} \cdot (-A^2)^{\frac{1}{2}}.
\end{aligned} \qquad (4.2)$$

ところで，この ⌣ の向き付けは，その境界をみると決まる．↑ を 1，↓ を 0 とすれば，その境界(= 下の高さの情報)部分を見て 1 ↗↘ 0 は "10" と略記できる．また，0 ↘↗ 1 は "01" と略記できる．すると， は $\begin{smallmatrix}01\\10\end{smallmatrix}$ と並べて書く方法がみやすいだろう．すなわち，この ✕ に関するある「状態」について対応させる数を

$$A^{01}_{10} = \mathrm{wt}\left(\;\right)$$

とするのである．同様にして

$$A^{01}_{01} = \mathrm{wt}\left(\;\right),$$

$$A^{10}_{01} = \mathrm{wt}\left(\;\right),$$

$$A^{01}_{10} = \mathrm{wt}\left(\;\right),$$

$$A^{10}_{01} = \mathrm{wt}\left(\;\right)$$

という形で数 $A^{01}_{01}, A^{10}_{01}, A^{01}_{10}, A^{10}_{01}$ が定義される．ここには，⌣ に関するすべての場合が現れている．

　ところで，このようなすべての場合を，あらゆる結び目図式で考えるときはどうしたらよいだろう？　数学においては，大学 1 年で学ぶように**行列**という重要な概念があって，このようなたくさんの場合分けの計算を一気に扱うことができる．このような仕組みは大変便利であり，結び目研究においてもそれは例外ではない．今考えている行列は 0 と 1 の並びをすべて考えているので

$$\begin{pmatrix} A_{00}^{00} & A_{00}^{01} & A_{00}^{10} & A_{00}^{11} \\ A_{01}^{00} & A_{01}^{01} & A_{01}^{10} & A_{01}^{11} \\ A_{10}^{00} & A_{10}^{01} & A_{10}^{10} & A_{10}^{11} \\ A_{11}^{00} & A_{11}^{01} & A_{11}^{10} & A_{11}^{11} \end{pmatrix}$$

となる．我々が今，書き尽くした場合は4通りであったが，ここには16通り書いてある．ほかの12通りの必要性は $)($ を考えると明らかになるので，以下見ていこう．"自分が**ものすごく物分かりが悪くなった**と思う"といった直前にも書いたことと同様に，この結び目の交点をすべて平滑化した図は，平面上で少し動かして整えることによって，$)($ と $||$ を同一視することができる．

すると，結び目交点をすべて平滑化した図は $\smile$, $\frown$ と縦線分によって書き表されることになる[7]．その図は平面上に有限個の円周が描かれているはずだ．この円周一つに注目し向きをつけてみよう．素朴に考えると $\circlearrowleft$ が $+1$ 回転，$\circlearrowright$ が -1 回転を表す．その回転の数は「特異点」である $\smile$, $\frown$ でカウントすればよいことに気付く[8]．この考察から，結び目図式の交点をすべて平滑化した図について $\overset{\rightarrow}{\frown}$ と $\overset{\leftarrow}{\frown}$ では $-\frac{1}{2}$，$\overset{\rightarrow}{\smile}$ と $\overset{\leftarrow}{\smile}$ では $\frac{1}{2}$ をカウントし，縦線分では，0 をカウントすれば，$\bigcirc$ が多少ゆがんでいたとしても $\circlearrowleft$ を $+1$，$\circlearrowright$ を -1 でカウントすることになる．このカウントされる $\pm\frac{1}{2}$ や ± 1 を**回転数**[9]と呼ぶことにする．

以上の考察を念頭において話を進める．$\mathrm{wt}\left(\asymp \right)$ を $\asymp$ に何らかの向きをいれた $w(\cdot)$ の値としたとき，これを $(-A^2)$ の回転数乗で定義していた．カウフマンブラケットの定義式

$$\left\langle \times \right\rangle = A \left\langle \asymp \right\rangle + A^{-1} \left\langle)(\right\rangle$$

から残りの $)($ についても $\mathrm{wt}(\cdot)$ の値を定義できれば話は完結する．こちらも $(-A^2)$ の回転数乗というアイディアを用いるならば，$\mathrm{wt}\left( )(\right)$ を $)($ に何らかの向きをいれた $w(\cdot)$ の値としたとき，何回転したかを

考えると，どの向きが入っていたとしても $(-A^2)$ の「0」乗，つまり $(-A^2)^0 = 1$ によって定義されることが期待される．この考えは ⎥ ⎥ に対応する行列

$$\begin{pmatrix} B_{00}^{00} & B_{00}^{01} & B_{00}^{10} & B_{00}^{11} \\ B_{01}^{00} & B_{01}^{01} & B_{01}^{10} & B_{01}^{11} \\ B_{10}^{00} & B_{10}^{01} & B_{10}^{10} & B_{10}^{11} \\ B_{11}^{00} & B_{11}^{01} & B_{11}^{10} & B_{11}^{11} \end{pmatrix}$$

を定める．

すなわち ↑ が 1，↓ が 0 としてラベルが貼られていたことを思い出すと，⎥ ⎥ は4通りの向き付けが存在することは，読者も気づくことであろう．それを書き並べると，

$$\mathrm{wt}\!\left(\downarrow\ \downarrow\right),\ \mathrm{wt}\!\left(\downarrow\ \uparrow\right),\ \mathrm{wt}\!\left(\uparrow\ \downarrow\right),\ \mathrm{wt}\!\left(\uparrow\ \uparrow\right)$$

となる．上記の考察から，これらは，すべて $(-A^2)^0 = 1$ とする．これらは，行列の対角成分 $B_{00}^{00}, B_{01}^{01}, B_{10}^{10}, B_{11}^{11}$ がすべて1になることを表している．そして，行列の対角成分以外は，**向きの可能性が存在しないため**，0 とする．

まとめよう．D をある結び目図式とする．D を平面イソトピーで微調整し，回転させて適切な位置に置くことにより，D は基本パーツたちとまっすぐな垂直線分たちに分割できる(例: 図 4.1)．これを結び目の**輪切り図式**(sliced

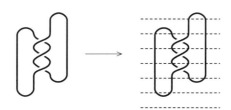

図 4.1 結び目の輪切り図式．(適切に整えた)結び目図式は基本パーツたちとまっすぐな垂直線分たちに分割できる．

---

7) もちろん構成要素は違った形で選んで議論を展開することは可能であると思われる．しかし，ここでは，その一つを選択して話を進めている．
8) 数学として厳密に証明しようとすると，ある点を何回転しているか，ということを計測する**写像度**というトポロジーの概念が必要になる．しかし，ここでは，分割する要素を3種類にして，かつ，有限個に分割しているので議論は容易になっている．
9) 一般の曲線の回転数の定義は難しくはないが，今は使わないのでこれで済ませている．

knot diagram)と呼ぶことにする[10].

また，S をすべての交点 ╳ に対して ⌣⌢ か)(のどちらかを指定し，各円周に向きを与えたものとする[11]．この設定により S は，交点の部分と，極大点，極小点なる基本パーツ以外には ↑, ↓ からなるとみなすことができる．S に現れる基本パーツ(elementary parts)は $E(S)$ と書くことにしよう．写像

wt : $\{E(S) \mid S$ は D のステイトの各円周に向きをいれたもの$\} \to \mathbb{Z}[A, A^{-1}]$

を式(4.1)，式(4.2)，また極大点，極小点，交点以外に対応する縦線分に対しては wt(↑) = 1, wt(↓) = 1 と定義する．するとカウフマンブラケット $\langle D \rangle$ は次の形に書くことができる．

$$\langle D \rangle = \sum_S \prod_{E(S)} \text{wt}(E(S)).$$

この分解は，少なくとも2つの視点を我々に与えている．一つは，行列からジョーンズ多項式は得られる，ということである．もう一つは結び目のように閉じた紐ではなかったとしても，ジョーンズ多項式(の類似物)は定義される，ということである．

4.3 行列からジョーンズ多項式を見てみる

)(のときと同じルールで，⌣⌢ に対応する行列も，考えていこう．$A^{01}_{01}, A^{01}_{10}, A^{10}_{01}, A^{10}_{10}$ 以外は，「向きが一貫して付けられないため」すべて0とする．読者が記号の対応例を確認する便宜のため，0でなかったウエイトをここに書き直しておく．01 というラベルはウエイト $(-A^2)^{\frac{1}{2}}$, 10 というラベルはウエイト $(-A^2)^{-\frac{1}{2}}$ であったので，

$$A^{01}_{01} = (-A^2)^{\frac{1}{2}} \cdot (-A^2)^{\frac{1}{2}} = -A^2,$$
$$A^{01}_{10} = (-A^2)^{\frac{1}{2}} \cdot (-A^2)^{-\frac{1}{2}} = 1,$$
$$A^{10}_{01} = (-A^2)^{-\frac{1}{2}} \cdot (-A^2)^{\frac{1}{2}} = 1,$$
$$A^{10}_{10} = (-A^2)^{-\frac{1}{2}} \cdot (-A^2)^{-\frac{1}{2}} = -A^{-2}.$$

さて，出来上がった行列は ╳ に対してどのような情報をつかんでいるだろうか？

$$\left\langle \diagup\!\!\!\diagdown \right\rangle = A \left\langle \right)(\right\rangle + A^{-1} \left\langle \smile\atop\frown \right\rangle$$

を参考にして，$\times$ に対応する行列

$$\begin{pmatrix} R_{00}^{00} & R_{00}^{01} & R_{00}^{10} & R_{00}^{11} \\ R_{01}^{00} & R_{01}^{01} & R_{01}^{10} & R_{01}^{11} \\ R_{10}^{00} & R_{10}^{01} & R_{10}^{10} & R_{10}^{11} \\ R_{11}^{00} & R_{11}^{01} & R_{11}^{10} & R_{11}^{11} \end{pmatrix} \quad (\text{簡単のため，これを } R \text{ と書く})$$

を設定してみよう．それは，

$$R = A \begin{pmatrix} A_{00}^{00} & A_{00}^{01} & A_{00}^{10} & A_{00}^{11} \\ A_{01}^{00} & A_{01}^{01} & A_{01}^{10} & A_{01}^{11} \\ A_{10}^{00} & A_{10}^{01} & A_{10}^{10} & A_{10}^{11} \\ A_{11}^{00} & A_{11}^{01} & A_{11}^{10} & A_{11}^{11} \end{pmatrix} + A^{-1} \begin{pmatrix} B_{00}^{00} & B_{00}^{01} & B_{00}^{10} & B_{00}^{11} \\ B_{01}^{00} & B_{01}^{01} & B_{01}^{10} & B_{01}^{11} \\ B_{10}^{00} & B_{10}^{01} & B_{10}^{10} & B_{10}^{11} \\ B_{11}^{00} & B_{11}^{01} & B_{11}^{10} & B_{11}^{11} \end{pmatrix}$$

$$= A \begin{pmatrix} 0 & 0 & 0 & 0 \\ 0 & -A^2 & 1 & 0 \\ 0 & 1 & -A^{-2} & 0 \\ 0 & 0 & 0 & 0 \end{pmatrix} + A^{-1} \begin{pmatrix} 1 & 0 & 0 & 0 \\ 0 & 1 & 0 & 0 \\ 0 & 0 & 1 & 0 \\ 0 & 0 & 0 & 1 \end{pmatrix}$$

$$= \begin{pmatrix} A^{-1} & 0 & 0 & 0 \\ 0 & A^{-1}-A^3 & A & 0 \\ 0 & A & 0 & 0 \\ 0 & 0 & 0 & A^{-1} \end{pmatrix}$$

となる．さらに $\frown$ については，行列 $n = (n_{00}, n_{01}, n_{10}, n_{11})$ とおく[12]．↑ が 1，↓ が 0 としてラベルが貼られていたことを思い出すと，

$$n_{00} \leftrightarrow 0, \qquad n_{01} \leftrightarrow \mathrm{wt}(\curvearrowleft),$$
$$n_{10} \leftrightarrow \mathrm{wt}(\curvearrowright), \qquad n_{11} \leftrightarrow 0$$

という対応になりそうだと考えられる．

$\smile$ については，行列 $u = (u_{00}, u_{01}, u_{10}, u_{11})$ とおく[13]．まったく同様に ↑ が 1，↓ が 0 としてラベルが貼られていたことを思い出すと，

---

10) [31]では結び目よりもさらに一般的な対象(タングル)について厳密に定義し「輪切り図式」と呼んでいる．本書もその呼び方に従う．
11) 読者は，S は有限個の円周が平面上に配置されたもので，かつ，円周は向きが与えられており，交点の情報を残していることを想像できると思う．
12) 極大点に似ているので n と選ぶ．
13) 極小点に似ているので u と選ぶ．

$$u_{00} \leftrightarrow 0, \qquad u_{01} \leftrightarrow \mathrm{wt}\!\left(\smile\!\!\nearrow\right),$$
$$u_{10} \leftrightarrow \mathrm{wt}\!\left(\searrow\!\!\smile\right), \qquad u_{11} \leftrightarrow 0$$

となりそうだと考えられる．以下，この n と u の設定を納得いく形でおこなってみよう．そのために**テンソル積**の概念を「さらりと」理解する必要がある[14]．V を n 次元ベクトル空間，W を m 次元ベクトル空間とする．V と W のベクトルの係数は複素数であるとする．

V の基底を $\{e_1, e_2, \cdots, e_n\}$，
W の基底を $\{f_1, f_2, \cdots, f_m\}$

とする．このとき，ベクトルの集合

$$V \times W = \{(v, w) \mid v \in V,\ w \in W\}$$

さらには，ある十分次元の高いベクトル空間 T と双線型写像

$$\Phi : V \times W \to T$$

を考える．

このとき，$\Phi(e_i, f_j)\ (1 \leq i, j \leq mn)$ がなすベクトル空間を $V \otimes W$ と書いて，V と W の**テンソル積**と呼ぶ．元のほう，つまり $v \in V$ と $w \in W$ に対する $\Phi(v, w) \in V \otimes W$ は $v \otimes w$ と書く．教科書には書いておらず口語的用法かもしれないが[15]，"v テンソル w" とか，"v と w のテンソル積" と呼んでいる．

ベクトルが線型写像の場合，つまり線型写像のなすベクトル空間のテンソル積を考えたときには，2つの線型写像 $\varphi \otimes \psi$ ももちろん考えられる．すなわち，2つの線型写像 $\varphi : V \to V'$, $\psi : W \to W'$ があるときに，

$$V \otimes W \to V' \otimes W'\,;\, v \otimes w \mapsto \varphi(v) \otimes \psi(w)$$

なる写像が考えられ，これは双線型写像であることが確かめられる．記号として

$$(\varphi \otimes \psi)(v \otimes w) = \varphi(v) \otimes \psi(w)$$

書くことにすれば，（再び口語的かもしれないが）線型写像のテンソル積が定義されるわけである．さらに，テンソル積は何回とっても一意的に定まる．すなわち，ベクトル空間 V, W, U について $(V \otimes W) \otimes U$ と $V \otimes (W \otimes U)$ がベクトル空間として同型であるために，一般に k 個のベクトル空間のテンソル積が考えられて一意的であること，また，それに応じて，k 個の線型写像のテンソル積

$$\varphi_1 \otimes \varphi_2 \otimes \cdots \otimes \varphi_k$$

も一意的に定まる．

これでベクトル空間のテンソル積や，それを定義域とする双線型写像を気兼ねなく使えるようになった[16]．

それでは図 4.2 のチェックをしつつ，写像 n や u の定め方の正当性を理解する．以下，V は2次元ベクトル空間[17]としよう．

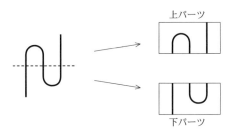

図 4.2 トポロジカルには解消できる最大点と最小点に分割して行列論(難しく言うと表現論)に持ち込んでいく視点．

まず，図 4.2 の分割の上側パーツを線型写像として理解する．

この線型写像を $V \otimes V \otimes V \to V$ と書いてしまうといかめしいかもしれないので，$V = \langle \{e_0, e_1\} \rangle$ に対して基底 e_0 を $\downarrow$，e_1 を $\uparrow$ と表示して幾分，「やわらかい」気持ちになって理解することにしよう．

すると $V \otimes V \otimes V$ の基底は，8種類 $e_i \otimes e_j \otimes e_k$ $(i, j, k = 0, 1)$ であり，伝統的な辞書式順序に並べると次の通りである．

$\downarrow\downarrow\downarrow, \quad \downarrow\downarrow\uparrow, \quad \downarrow\uparrow\downarrow, \quad \downarrow\uparrow\uparrow, \quad \uparrow\downarrow\downarrow, \quad \uparrow\downarrow\uparrow, \quad \uparrow\uparrow\downarrow, \quad \uparrow\uparrow\uparrow$

単純に言えば，上側パーツの下段から上段への線型写像，すなわち，8次元空間から2次元空間 $V\langle\{e_0, e_1\}\rangle = \langle\{\downarrow, \uparrow\}\rangle$ への線型写像の可能性をすべて書ききれば，ここでの作業は終了である．

$n \otimes \mathrm{id}$ を行列表示して

---

14) 初めて見る読者もさらりと理解した気分になって，後々線型代数の教科書を眺めつつ，ゆっくり理解されたい．
15) 教科書でこの言い方を見つけられていないが，なんとなく使っている，という意味である．
16) 駆け足でよくわからなかった人も次から記述する，結び目による具体例を通してゆっくり理解されたい．
17) ジョーンズ多項式が2次元ベクトル空間からなるものであるから，そうしている．色付きジョーンズ多項式はこの高次元版であり，有名なものとして村上順の公式(1989)[5](日本語のテキスト[30, 180 ページ]にもある)やカービー-メルビン(Kirby-Melvin)の公式(1991)[6]がある．

$$(0 \quad n_{01} \quad n_{10} \quad 0) \otimes \begin{pmatrix} 1 & 0 \\ 0 & 1 \end{pmatrix} = \begin{pmatrix} 0 & 0 & n_{01} & 0 & n_{10} & 0 & 0 & 0 \\ 0 & 0 & 0 & n_{01} & 0 & n_{10} & 0 & 0 \end{pmatrix}.$$

次に，図 4.2 の分割の下側パーツを線型写像として理解すると

この線型写像は，$V \to V \otimes V \otimes V$ となる．$V = \langle \{e_0, e_1\} \rangle$ に対して基底 e_0 を $\downarrow$，e_1 を $\uparrow$ とみなしておく．下側パーツの下段から上段への線型写像，すなわち，2次元空間から8次元空間への線型写像は（$n \otimes \mathrm{id}$ と同様にして計算すると）次の通りとなる．

$\mathrm{id} \otimes u$ を行列表示して

$$\begin{pmatrix} 1 & 0 \\ 0 & 1 \end{pmatrix} \otimes \begin{pmatrix} 0 \\ u_{01} \\ u_{10} \\ 0 \end{pmatrix} = \begin{pmatrix} 0 & 0 \\ u_{01} & 0 \\ u_{10} & 0 \\ 0 & 0 \\ 0 & 0 \\ 0 & u_{01} \\ 0 & u_{10} \\ 0 & 0 \end{pmatrix}.$$

ここで，トポロジーによるやわらかい視点により，次の同一視（図 4.3）が要請される．

図 4.3 トポロジカルな視点により同一視されるべき曲線の一部たち

例えば，図 4.3 が要求する等号のうち左側を簡単にチェックすると次の計算になる．

$$\begin{pmatrix} 0 & 0 & n_{01} & 0 & n_{10} & 0 & 0 & 0 \\ 0 & 0 & 0 & n_{01} & 0 & n_{10} & 0 & 0 \end{pmatrix} \begin{pmatrix} 0 & 0 \\ u_{01} & 0 \\ u_{10} & 0 \\ 0 & 0 \\ 0 & 0 \\ 0 & u_{01} \\ 0 & u_{10} \\ 0 & 0 \end{pmatrix} = \begin{pmatrix} n_{01}u_{10} & 0 \\ 0 & n_{10}u_{01} \end{pmatrix}.$$

以上から，
$$\begin{pmatrix} n_{01}u_{10} & 0 \\ 0 & n_{10}u_{01} \end{pmatrix} = \begin{pmatrix} 1 & 0 \\ 0 & 1 \end{pmatrix}$$
が要求される．ウエイトの関係から次の定数 α, β を決めよう．

$$\alpha n = \alpha(n_{00}, n_{01}, n_{10}, n_{11})$$
$$= (0, \mathrm{wt}(\diagdown\diagup), \mathrm{wt}(\diagup\diagdown), 0)$$
$$= (0, (-A^2)^{\frac{1}{2}}, (-A^2)^{-\frac{1}{2}}, 0).$$

ここで，
$$\beta u = \beta \begin{pmatrix} u_{00} \\ u_{01} \\ u_{10} \\ u_{11} \end{pmatrix} = \begin{pmatrix} 0 \\ \mathrm{wt}(\smile) \\ \mathrm{wt}(\frown) \\ 0 \end{pmatrix} = \begin{pmatrix} 0 \\ (-A^2)^{\frac{1}{2}} \\ (-A^2)^{-\frac{1}{2}} \\ 0 \end{pmatrix}$$

をみると，$\alpha\beta n_{01}u_{10} = 1$ かつ $n_{01}u_{10} = 1$ かつ $\alpha\beta n_{10}u_{01} = 1$ かつ $n_{10}u_{01} = 1$ である．よって $\alpha\beta = 1$ であり，この範囲で決めればよい．（好みが分かれるかもしれないが）行列に複素数が出ないようにするには例えば $\alpha = \sqrt{-1}$, $\beta = -\sqrt{-1}$ とすればよい．これより

$$n = (0, A, -A^{-1}, 0),$$
$$u = \begin{pmatrix} 0 \\ -A \\ A^{-1} \\ 0 \end{pmatrix}$$

が決まる．

これで，結び目図式の基本パーツに対応する行列 R, n, u がすべて定まっ

たことになる[18]．この節で述べてきたウエイトとは**ボルツマンウエイト**と呼ばれていることも申し添えておこう．ここでは，今述べてきた視点というものは物理的な見方で再度見直される，ということをほのめかすだけにしておく．また，トポロジー的な不変性というものも，ここでは，割愛するが，この行列の議論で示されることが保証されている．それはヤン・バクスター方程式の解[19]であることを確かめることを含むので，興味がわいた人はぜひ調べてみてほしい．

4.4 組み紐群とジョーンズ多項式

前節まででは，「与えられた結び目図式に微調整を施す」といった書き方をしていたが，最初からそういう結び目図式で扱いやすいものと対応するものがある．それが**組み紐**（英語ではブレイド）である．

定義 4.1

組み紐とは，3次元空間 $\mathbb{R}^3$ 内において，ある平面に n 点をとって n 本の紐をつけてその平面と平行な平面は常に n 点で交わるようにしたもののことである．よく目にする方法では，異なる2平面をとり，それぞれを $\mathbb{R}^2 \times \{0\}$, $\mathbb{R}^2 \times \{1\}$ なる2平面と同一視し，上記 n 点は $\mathbb{R} \times \{0\} \times \{0\}$ と $\mathbb{R} \times \{0\} \times \{1\}$ に第3座標を除いて同じ位置に取られる．このとき $\mathbb{R} \times \{0\} \times \{0\}$ の n 点を**下端点**，$\mathbb{R} \times \{0\} \times \{1\}$ の n 点を**上端点**と呼ぶ．

組み紐は ╳ , ╳ と縦線分を組み合わせて結び目図式と同様に描き表される（例は図4.4，次ページ）．特にこの中で図4.5で描き表される組み紐は由緒正しいものである．組み紐の良いところの一つは，代数構造が視覚化できることなので，それを紹介してから組み紐の図示を考えるべく，いったん絵から離れよう．

定義 4.2（組み紐群）

n を正の整数とする．生成元 σ_i とその逆元 σ_i^{-1} ($1 \leq i \leq n-1$) に対

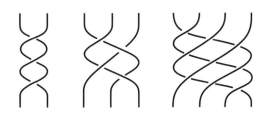

図 4.4　組み紐たちの例

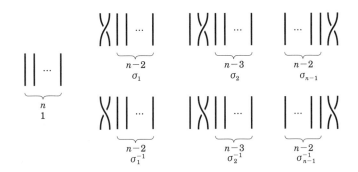

図 4.5　あらゆる組み紐を生成する基本となる組み紐たち

して次の関係式により定義した群を組み紐群と呼び B_n で表す.
$$\sigma_i \sigma_j = \sigma_j \sigma_i \qquad (|i-j|>1),$$
$$\sigma_i \sigma_{i+1} \sigma_i = \sigma_{i+1} \sigma_i \sigma_{i+1} \quad (1 \leq i \leq n-2).$$

このとき B_n の元 b もまた組み紐と呼ばれる. σ_i ($1 \leq i \leq n-1$) と σ_i^{-1} ($1 \leq i \leq n-1$) はそれぞれ図 4.5 の上段と下段で描き表される組み紐に同一視される. B_n の単位元 1 は n 本の縦線分で表される. この組み紐を自明な組み紐と呼ぶことにする. 2 元 $b, b' \in B_n$ の積 bb' は図 4.6（左）（次ページ）として上下に並べて図示される. 組み紐群の生成元の積の図示として組み紐が平面上に表されるとき，それを**組み紐図式**と呼ぶことにする[20].

このとき定義 4.2 の関係式の両辺は図 4.7 によって図示されて，結び目を扱いやすい群になっていることが感じられる. 初めて見る読者は $\sigma_i \sigma_i^{-1} = 1$ がライデマイスター移動 $R \mathit{II}$ ($\sigma_i \sigma_i^{-1}$ は図 4.6（右）を参考にすると見やすい)

---

18) 結び目の不変量というものは，図のすべてに意味をもたせ，フル活用していることが実感できるのではないだろうか.
19) ヤン・バクスター方程式の解 R 行列という.
20) 組み紐図式には，いろいろと流儀があるかもしれないが，狭義の方法をとっている. 他文献にあたるときは気をつけてほしい.

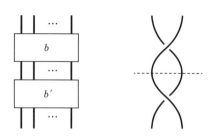

図4.6　定義4.2の関係式の両辺

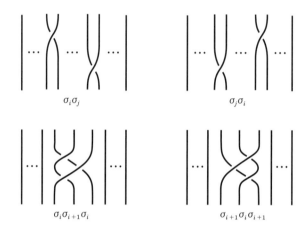

図4.7　組み紐の積(左)の仕方と $\sigma_i \sigma_i^{-1}$ の一部分(右)

に，定義4.2の第2式がライデマイスター移動 $\mathcal{R}\mathit{I\!I\!I}$ に対応していることを確認してみてほしい．

ところで，n本の紐からなる自明な組み紐が互いに平行を保って，ある組み紐 b の n 個の下端点 $p_1, p_2, \cdots, p_n \in \mathbb{R} \times \{0\} \times \{0\}$ と n 個の上端点 $p_1', p_2', \cdots, p_n' \in \mathbb{R} \times \{0\} \times \{1\}$ が対応するように，すなわち p_i と p_i' がそれぞれつながるように閉じたものを組み紐の閉包といい，$\bar{b}$ で表す（図4.8, 次ページ）．

次は組み紐が結び目を取り扱うときにトポロジーの議論においても有効なツールであることを示すものである．

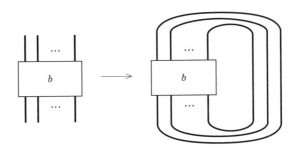

図 4.8　組み紐 b の閉包 $\bar{b}$

事実 4.1（アレクサンダーの定理）

任意の結び目は，ある組み紐の閉包として表すことができる．

事実 4.2（マルコフの定理）

2つの組み紐 $b \in B_n$ と $b' \in B_{n'}$ に対し，次の(1), (2)は同値である．

(1) $\bar{b}$ と $\bar{b'}$ が結び目として等しい．
(2) b と b' は次の(M1), (M2)の有限回で移り合う．
　　(M1)：$\beta, \beta' \in B_n$ に対して $\beta\beta'$ と $\beta'\beta$ を入れ替える．
　　(M2)：$\beta \in B_n$ と $\beta\sigma^{\pm 1} \in B_{n+1}$ を入れ替える．

以下，トレースの視点を述べるにあたり，ベクトル空間に積構造が入ったものを紹介しておく．

定義 4.3（線型環）

積による群 G に対して $\langle G \rangle$ なる線型空間を考え，G には積が入ったままとする．このとき，$x = \sum_g \alpha_g g \in \langle G \rangle$ と $y = \sum_{g'} \beta_{g'} g' \in \langle G \rangle$ に対して

$$xy := \left(\sum_{g,g'} \alpha_g \beta_{g'} \right) gg'$$

なる積を入れたベクトル空間を，G を線型拡張して得られる**線型環**と呼ぶことにする．

定義 4.4（トレース）

線型環 $\mathcal{A}$ から $\mathbb{C}$ への写像 tr で $ab \in \mathcal{A}$ に対し $\mathrm{tr}(ab) = \mathrm{tr}(ba)$ を満たすものを**トレース**と呼ぶ．

読者がよくご存知の行列のトレースの拡張になっていることに留意されたい．さて，ジョーンズ多項式は一体何のトレースになっているかを見ておこう．

定義 4.5（テンパリー–リーブ代数）

TL_n は，

生成元　$1_n, U_i \ (1 \leq i \leq n-1)$

関係式　$U_i U_{i+1} U_i = U_i \quad (1 \leq i \leq n-2)$,

$\qquad U_i^2 = \delta U_i$,

$\qquad U_i U_j = U_j U_i \quad (|i-j| > 1)$

による群 G の線型拡張で定義される線型環とする．これを**テンパリー–リーブ代数**と呼ぶ．

記号 4.1

1_n は n 本の縦平行線，U_i は左から i と $i+1$ 本目についてのみ縦平行線でなく ⌣ となっているもののことである．

余裕のある読者は $U_i U_{i+1} U_i = U_i \ (1 \leq i \leq n-2)$ や $U_i U_j = U_j U_i \ (|i-j| > 1)$ がたしかに満たされていることを観察してほしい．また組み紐のときと同様に自明な組み紐により TL_n の元 U を閉じたものを $\overline{U}$ と記載する．

G, G' を 2 つの群とする．写像 $f : G \to G'$ が，任意の $g, g' \in G$ に対して $f(gg') = f(g)f(g')$ を満たす写像を群の**準同型写像**と呼ぶ．

群の準同型写像 $\rho : B_n \to TL_n$ を

$\qquad \rho(\sigma_i) = A 1_n + A^{-1} U_i, \qquad \rho(\sigma_i^{-1}) = A^{-1} 1_n + A U_i$

により定める[21]．また，$\mathrm{Tr} : TL_n \to \mathbb{C}$ を $\mathrm{Tr}(U) = \langle \overline{U} \rangle$ により定義する．この Tr は定義 4.4 の意味でトレースである．$\langle \overline{b} \rangle = \mathrm{Tr}(\rho(b))$．よってジョーンズ多項式 $J(\overline{b})$ はトレースにより $(-A^3)^{-w(\overline{b})} \mathrm{Tr}(\rho(b))$ と解釈される．

ジョーンズ多項式を行列のトレースと見るには

ジョーンズ多項式を行列のトレースと見るには次のようにする.組み紐に対してすべての交点を平滑化したあとで,上端点のすべてに↑か↓の向きを指定する.これに対応する組み紐の閉包のステイトを考えてみよう.組み紐の閉包のつくり方から下端点すべてにもまったく同じ向きが入る.本章の途中で行ったように n 個のベクトル空間のテンソル積 $V^{\otimes n}$ を σ_i に対応して $1\otimes\cdots 1\otimes R\otimes 1\otimes\cdots 1$,そして σ_i^{-1} に対応して $1\otimes\cdots 1\otimes R^{-1}\otimes 1\otimes\cdots 1$ を割りあてて,図式全体でとなりあった平行線ごとに行列の積をとっていくと組み紐に対応する箇所に対応して $2^n\times 2^n$ の行列が得られる.(多少の n, u に関する重みで補正されるものの)この行列のトレースをとることが閉包をとる操作に対応していて,得られるのはカウフマンブラケットの値である.なぜならば,上端点と下端点の向きがそろっているところ(基底の添え字がそろっているところ)が,(重みつきではあるものの)足しあげられるからである.

ジョーンズは作用素環に関する研究から代数的に TL_n の環構造があるものをもってきて,組み紐群の表現,そしてその環のトレースを考えることによりジョーンズ多項式を得たのである.

---

21) ここでの ρ が表現とよばれるものである.

第5章

ジョーンズ多項式の圏論化

5.1 2000年の衝撃

1984年の衝撃から15年，オレグ・ビロ(O. Viro)に風の便りが届く中[1]，マイケル・ホバノフ(M. Khovanov)によるホバノフホモロジーが公表された．筆者はホバノフ氏ともビロ氏とも親しくさせていただいているので，この章を書くのは感慨深い．最初の構成というのは，大抵はたくさんのアイディアを含みつつも，なかなか歯ごたえのある記述であることが多い．筆者も，ホバノフ氏の博士論文[8]から，ホバノフホモロジーへのストーリーを何度かはっきり見ようと試みた．ホバノフホモロジーの出現におけるくだりは，ビロ氏の著作の速報ヴァージョン[7]に，にじみ出ているので，一読の価値が有る．

ここではこのビロの構成に従い，簡単な線型代数，あるいはそこまでいかなくても行列計算を理解している程度の読者層を念頭に「もしあなたがジョーンズ多項式を圏論化するならば？」というストーリーで語りきることを目標にする[2]．

細かい点だが重要なことであるので始める前に注意しておく．**圏論化**(カテゴリフィケーション，categorification)という言葉に対して数学としての「定義」はないとされる．しかし，ある数学的な事象に対して「それは圏論化となっている」と述べることはできる．本書でもこの立場に従い，具体的な何かに対して「それは圏論化だ」とはいうものの，「圏論化とは何々である」とは述べないので注意してほしい．また，以下，本章ではその性格上，結び目射影図のことを結び目図式と呼ぶことにする．

第3章でみたように，ジョーンズ多項式というものはカウフマンブラケットから成り立っている．そこでは，ジョーンズ多項式は，カウフマンブラケ

ット $\langle \cdot \rangle$ および $w(D)$ という整数を用いて次のように書き表されていた.
$$(-A^3)^{-w(D)}\langle D \rangle.$$
この $w(D)$ は各交点の符号和であったから,簡単な調整項だとみなせる[3].
また,よく知られたようにジョーンズ多項式は(ここでは定義しないが)3次元多様体というものの不変量に拡張することができ,その際には $\langle \cdot \rangle$ をジョーンズ多項式と呼んだりもする.さらに圏論化というものを考えるときには,予備的な項をなるべく削ぎ落として考えるとより理解が深まることがある.

以上の理由から,ここではこの $\langle D \rangle$ の圏論化を考えてみることにする[4].

5.2 カウフマンブラケットの形の観察1

カウフマンブラケットで,第3章で紹介した計算方法を復習しよう.

与えられた結び目図式 D に対して,すべての交点 ╳ を ＿＿
にとりかえたものを**状態**(state)と呼び,s と記すことにする.状態 s を一つ決めたときに,D の各交点 ╳ に対して ＿＿ をいくつ選んできたかという個数を $a(s)$,対して) (を選んだ個数を $b(s)$ とする.状態 s に現れる円周の個数を $|s|$ とする.状態という言い方は,しばしばステイトとそのまま英語で呼ばれることもある.

写像 $\langle \cdot \rangle$ は次のように定義されていた:
$$\langle D \rangle = \sum_s A^{a(s)-b(s)}(-A^{-2}-A^2)^{|s|}. \tag{5.1}$$
最初は(5.1)に従って計算してみよう.式(5.1)が次式
$$\left\langle \times \right\rangle = A \left\langle \asymp \right\rangle + A^{-1}\left\langle)(\right\rangle$$
を満たしていることに注意する.

---

1) ビロの論文[7]の速報ヴァージョンに「The rumors reached me」とある.
2) 圏論化された結び目不変量と柏原正樹またはジョージ・ルスティック(G. Lusztig)の結晶基底(あるいは標準基底と呼ばれるものと)の振る舞いをガイドする入門書が世に現れることを筆者は望んでいる.ここでは読者対象と現在進行形である数学の進展を踏まえ,その第一歩としてジョーンズ多項式の R 行列とホバノフホモロジーの対応をはっきり書くことを目標としたい.
3) (研究者向け) $w(D)$ は,blackbord framing を考えたときの self-linking number である.したがって,framing を考慮することに対応する調整項だといえる.
4) (上級者向け)カウフマンブラケットというものが第4章のテンパリー–リーブ代数の元から成り立っていること,並びに標準基底というものに対応していること,これらに思いを馳せるとカウフマンブラケットの圏論化から始めるのが基本的である.

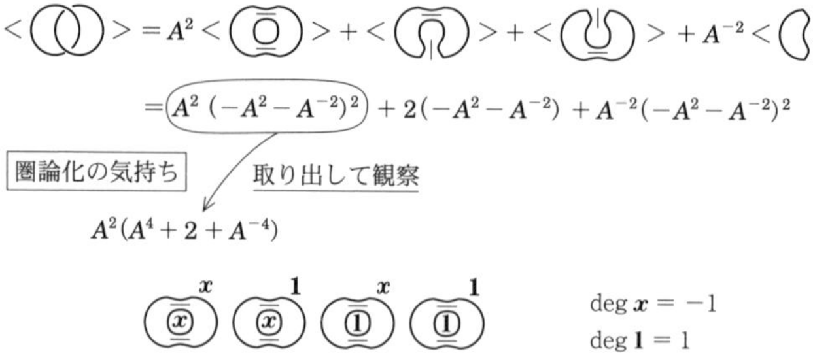

$$\langle \text{◯◯} \rangle = A^2 \langle \text{◯} \rangle + \langle \text{◯} \rangle + \langle \text{◯} \rangle + A^{-2} \langle \text{)(} \rangle$$

$$= \boxed{A^2(-A^2-A^{-2})^2} + 2(-A^2-A^{-2}) + A^{-2}(-A^2-A^{-2})^2$$

圏論化の気持ち ／ 取り出して観察

$$A^2(A^4 + 2 + A^{-4})$$

$\overset{x}{\circledcirc}\;\;\overset{1}{\circledcirc}\;\;\overset{x}{\circledcirc}\;\;\overset{1}{\circledcirc}$　　$\deg \boldsymbol{x} = -1$
　　　　　　　　　　　　$\deg \mathbf{1} = 1$

図 5.1　多項式の計算と圏論化の気持ち（例）

例えば，図 5.1 の第 1 項目を見つめていると，次の (1), (2) が観察される．

(1)　平滑化が両方とも正の方向であるので，A^2 が係っている．
(2)　円周が 2 つであるから，$\delta^2 = (-A^2-A^{-2})^2$ が係っている．

ここでカウフマンブラケットに関しては，円周が 1 つに対して，$\delta = -(A^2+A^{-2})$ が出力されるという定義であったことを思い出しておこう．

本書の第 3 章で述べたように，平滑化に関する A の係り方と，$\delta = -(A^2+A^{-2})$ の取り決めは，カウフマンブラケットが結び目不変量たるものとして成立するならば，当然のような要請としてそこにあった．ここではさらに式 (5.1) の $(-A^2-A^{-2})^{|s|}$ の 2 項展開の各項に何か意味を持たせてみることを考えよう．

ある状態 s に現れる 2 項展開は

$$(-A^{-2}-A^2)^{|s|} = \sum_k {}_{|s|}C_k (-A^{-2})^k (-A^2)^{|s|-k}$$

によって記述される．そこで状態 s に $(-A^{-2})$ を選んだ円周（$\boldsymbol{x}$ とラベル付けする），$(-A^2)$ を選んだ円周（$\mathbf{1}$ とラベル付けする）を指定する情報を付加したものを $\hat{s}$ とする．「一般化された状態」という日本語の言い方は誤解を招く危険性があるので，**細分化されたステイト**（enhanced state）と呼ぶことにする[5]．$\hat{s}$ が持つタイプ $\mathbf{1}$ の円周の個数から $\hat{s}$ が持つタイプ $\boldsymbol{x}$ の円周の個数を差し引いた数を $\tau(\hat{s})$ とすれば，上記の 2 項展開は次の形になる．

$$(-A^{-2}-A^2)^{|s|} = \sum_{\hat{s}} (-A^{-2})^{\tau(\hat{s})}. \tag{5.2}$$

5.3 カウフマンブラケットの形の観察 2

さて，カウフマンブラケットの計算を思い出すことができたので，今度は第 4 章において我々が R 行列というものを分析したことを思い出そう．平滑化に関する A の係り方と δ に起因する A^2 の係り方には意味があって，次のように記述されていた．

まず D をある結び目図式とする．また，S をすべての交点 ╳ に対して ⌣ か)(のどちらかを指定し，各円周に向きを与えたものとする．この S は，交点の部分と，極大点，極小点からなる基本パーツ (elementary parts) 以外は交点のない単純な縦線たちとみなすことができる．S に現れる基本パーツを $E(S)$ と書くことにしよう．ここで単純な縦線に対してウエイト wt はすべて 1 であったので $\prod_{E(S)} \mathrm{wt}(E(S))$ は変化させない．よって $\langle D \rangle$ は次の形に書くことができている．

$$\langle D \rangle = \sum_S \prod_{E(S)} \mathrm{wt}(E(S)). \tag{5.3}$$

この wt は R 行列の各成分に対応して由緒正しく定まっており，かつ，極大点，極小点の局所的な回転数が $\pm\frac{1}{2}$ であるという要請から wt は $(-A^2)^{\pm\frac{1}{2}}$ を使って定められていた（第 4 章）．

ここで，S は状態 s をさらに細かくとっていることに注意しつつ[6]，$\prod_{E(S)} \mathrm{wt}(E(S))$ を特定しておこう．式 (5.3) では，各 S の中の円周は向きがついていて，極大点と極小点で wt がカウントされていた．ここで S の中の 1 円周[7]に着目すると，それは時計回りか反時計回りである．極大点，極小点の wt の置き方をみれば，その 1 円周に対しては，± 1 を返す（すなわち，$\langle D \rangle$ には $(-A^2)^{\pm 1}$ だけ寄与をする）ことがトポロジカルなやわらかい視点によりわかる[8]（図 5.2，次ページ）．このことは数学科の学生さんならば初年級の知識で，あらゆるすっきりした解説が可能であろう．ここでは，数学科の学生さんばかりを読者として想定しているわけではないので，予備知識なしでも納得できるようにする．

まず，向きのついた平面閉曲線で自己交差がないものを C とする．C を向

---

5) この和訳に筆者はかなり悩んだ．相談に乗ってくださった奈良女子大学の小林毅教授に感謝したい．
6) すなわち，S を一つ指定すると s が決まる一方，s を一つ指定すると S は付加情報を足すことにより有限個の可能性だけある中で S のどれかになる．
7) （専門家向け）実はこれは閉じた紐ではない，タングルというもののカウフマンブラケットを定義している状態和も導く．
8) （専門家向け）回転数が平面イソトピーで不変量になっていることからわかる．

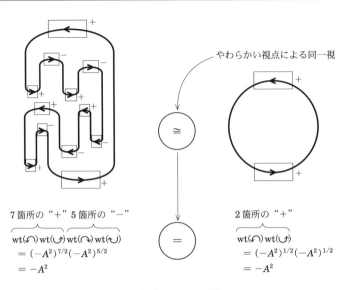

図 5.2 やわらかい視点による同一視（平面イソトピー）

きに沿って1周することを考える．その際に方位磁石をじっと見つめる人と一緒に C をたどるのである．そして，角度の変化を記録しておく．方向を変えるのは，有限回で，次の4パートだけである：

これはまさに極大点，極小点を表す基本パーツ E である．ここで，方向は180度変わっているのであるが，向きまで考えると $\pm\pi$ 変化する．極大点，極小点を表す基本パーツ E での変化量を $E(\theta)$ と書くことにする．

ところで，C を1周するときには，スタートしたときの角度が戻ってきたときの角度と一致するので，全体の角度の変化量 γ は 2π の整数倍である．ここで $\gamma(C)$ と $\sum_{E:極大点,極小点} E(\theta)$，両者は同じ数を違う見方でカウントしているので，次が成り立つ．

$$\gamma(C) = \sum_{E:極大点,極小点} E(\theta).$$

ところで，S の構成要素は

に加えて自明な縦線 $\uparrow, \downarrow$ のみであるとみなすことができる．このことから，

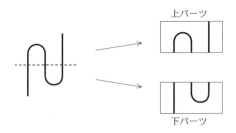

図 5.3 トポロジカルな同一視による変形（厳密には平面イソトピーによる変形）

図 4.3 の変形を繰り返すことよって図 5.2 の 2 つの同値性はいえる．与えられた C に対して同じことは容易にわかる．したがって，$\gamma(C)$ の値はいつも整数である．

以上より，$\gamma(C)$ は時計回りと反時計回りの 2 つのみだとみなせる．ところで時計回りの円周を x，反時計回りの円周を $\mathbf{1}$ とラベル付けすれば，S は第 5.2 節の $\hat{s}$ にほかならないことが理解される．R 行列由来のウエイトからなる S は，実はこのようにしてごく当たり前に $\hat{s}$ と対応するのである．

5.4 カウフマンブラケットの圏論化の方法

第 5.2 節の $\hat{s}$ と第 5.3 節で見てきた S を考える．両者は同一視されることがわかったので，細分化されたステイト $\hat{s}$ にちなんで S も細分化されたステイトと呼ぶことを以降，許すことにする．S に対して次の整数を 2 種類考える．

まず，細分化されたステイト S を一つ決めたときに，D の各交点  に対して  をいくつ選んできたかという個数を $a(S)$，対して 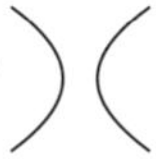 を選んだ個数を $b(S)$ とする（第 5.2 節のものとまったく同じ定義であることに注意してほしい）．

$\sigma(S) := a(S) - b(S)$,
$\tau(S) := S$ に含まれるラベル $\mathbf{1}$ をもつ円周の個数 $- S$ に含まれるラベル x をもつ円周の個数．

この幾何的に定まる数 $\sigma(S)$ と $\tau(S)$ を用いてカウフマンブラケットは次のように書くことができる．第 5.2 節の式 2 つを思い出してほしい．S ($=\hat{s}$) に対して，$\hat{s}$ のラベル $\boldsymbol{x}, \boldsymbol{1}$ を忘れたものを s と書いていたのであった．

(一つ目) $\langle D \rangle = \sum_{S} A^{a(s)-b(s)}(-A^{-2}-A^{2})^{|s|}$,

(二つ目) $(-A^{-2}-A^{2})^{|s|} = \sum_{S}(-A^{-2})^{\tau(S)}$

が成り立つのであった．これにより，

$$\langle D \rangle = \sum_{S}(-1)^{\tau(S)}A^{\sigma(S)-2\tau(S)}.$$

ここで，

$$p(S) = \tau(S), \quad q(S) = \sigma(S) - 2\tau(S)$$

とする．与えられた結び目図式 D に対し，$\mathbb{Z}_2$ 係数の加群 $C_{p,q}(D)$ を次で定義する．

$C_{p,q}(D) := \langle \{S | p(S) = p, \ q(S) = q\} \rangle$
$(= \mathbb{Z}_2[\{S | p(S) = p, \ q(S) = q\}])$.

ここで，第 4 章で学んだ群の準同型写像を復習しておこう．アーベル群 $\mathcal{A}$, $\mathcal{A}'$ に対し写像 $f : \mathcal{A} \to \mathcal{A}'$ が準同型写像であるとは，任意の $a_1, a_2 \in \mathcal{A}$ 対して $f(a_1+a_2) = f(a_1) + f(a_2)$ を満たすときをいう．

さて準同型写像

$$\partial_p : C_{p,q}(D) \to C_{p-1,q}(D)$$

を

$$\partial_p(S) = \sum_{T} T \quad (T は S に対して図 5.4 (次ページ) のリストを走る)$$

によって定義する．

加群 $C_{p,q}(D)$ をチェイン群 (次ページコラム参照)，∂_p を境界作用素としてみたとき，$\{C_{p,q}(D), \partial_p\}$ によるホモロジー群を $H_{p,q}(D)$ と書く．この $H_{p,q}$ がカウフマンブラケット $\langle \cdot \rangle$ の圏論化に対応するホモロジーである．以下，少し難しくなるが，はっきりと意味を理解しておきたい人はコラムも飛ばさずに読んで順番に理解していこう．初読だったり単に雰囲気を楽しみたい人は次に続く 2 つのコラムたちはざっと一瞥し，3 つ目のコラムから読んでほしい．

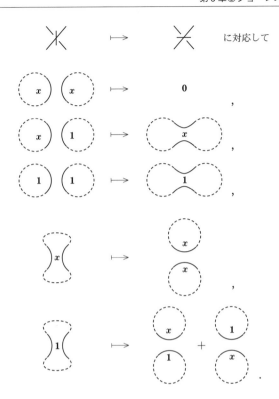

図 5.4 左を S, 右を T とする組 (S, T) のリスト.

一般の次数付き加群からなるホモロジー

第 2 章で登場したホモロジーは,チェインが生成するベクトル空間 C_k と境界作用素 ∂_k $(k = 0, 1, 2)$ から定義されていた.一方で,第 5 章で登場したホモロジーは,次数 k はおおよそジョーンズ多項式の q^k の取りうる幅程度の範囲はある.以下,これらをもっと高い見地で眺めることを考える.

次数付きベクトル空間(一般には次数付き加群)の列 $\{C_i\}_{i \in \mathbb{Z}}$ を考える.すべての C_i に対し,線型写像(一般には準同型写像) $\partial_i : C_i \to C_{i-1}$ が存在して,次を満たす:

$$\partial_{i-1} \circ \partial_i = 0.$$

このとき,次数付きベクトル空間(一般には次数付き加群)の一つ

> 一つは，幾何学的に特別な意味を持ち，各 C_i を**チェイン群**と呼ぶ．
> このベクトル空間と線型写像（一般には加群と準同型写像）の組 $\{C_i, \partial_i\}_{i \in \mathbb{Z}}$ は，我々が考えていたホモロジーというものを下記に定義する意味で，統一的に包括する概念を導く（以下，適切に「加群と準同型写像の議論」として読み替えることができる人は，そうしてほしい）．
> C_i の部分空間 Z_i を $Z_i = \{c \in C_i | \partial_i(c) = 0\}$ により定義する．さらに Z_i の部分空間を $B_i = \{e | e = \partial_{i+1}(c)$ なる c が存在する $\}$ により定義する．どの $e \in B_i$ も，$\partial(e) = \partial_i(\partial_{i+1}(c)) = 0$ であるから，Z_i の部分空間である．このことから商空間 Z_i/B_i が考えられる．これを**ホモロジー群** H_i と定義をする．この H_i を生み出す，$\{C_i, \partial_i\}_{i \in \mathbb{Z}}$ を**チェイン複体**と呼ぶ．

　このようにまったく代数的で抽象的な対象をあたかも幾何学的な実態があるかのような名前をつけることに最初は違和感があるかもしれない．しかし，皆さんが見てきた複体のホモロジーや，上記のようなカウフマンブラケットに対するホモロジーを経験値として持っていると，見方が変わってくる．この何らかの次数がついたベクトル空間（もっと一般に加群）の列を見つけたときに，幾何的な背後があると探検していってもそれはなんら不思議な行為ではないことに気づくのである．

　そして $H_{p,q}(D)$ は次の，やや専門家向けのコラムの意味で圏論化を与えている．

> **カウフマンブラケットの圏論化**
> 　ここで得られた $H_{p,q}(D)$ が $\mathcal{R}II, \mathcal{R}III$ で不変であることは，ジョーンズ多項式に帰着させることを考えると基本的にはホバノフによって示されている一方，細分化されたステイトがなす加群で $H_{p,q}(D)$ を定義するのはビロの定義である．ビロのホモロジーの定義はホバノフの定義と同型であることがわかっているので，それ以上追求しなくても良いとも言える．しかし，一方でビロが指摘するように，細分化されたステイトがどのように不変性を与えるかの様子を見たいという人もいるはずである．それに関しては

> [9] をご覧いただきたい．いずれにせよ，$H_{p,q}(D)$ は枠付き結び目図式 D の取り方に依存しない．
>
> これより，$H_{p,q}(D)$ は，第 2.8 節あるいは第 3.2 節の注に書いた枠付き結び目の不変量となっている．さらに言い換えるなら，枠付き結び目 K に対し，$H_{p,q}(K)$ を K の枠付き結び目図式 D を用いて $H_{p,q}(K) := H_{p,q}(D)$ と定めると，これは矛盾なく定義されるという意味である．カウフマンブラケット $\langle \cdot \rangle$ から $H_{p,q}(K)$ を考えることを，カウフマンブラケットの圏論化と呼ぶ．

コラムだけでなく式として振り返ってみよう．ただし，皆さんは，コラムの枠付き結び目という概念をのみ込んだとして書いておく．また，記号を一つだけ紹介しておく．

> **記号 rank**
>
> 一般に今扱っているような有限個の集合が生成するアーベル群 G は，有限巡回群の直和で書かれる $\mathcal{T}$ を用いて $\mathbb{Z}^n \oplus \mathcal{T}$ と同型であることが知られている（有限生成アーベル群の基本定理）．この $\mathcal{T}$ はトーション，トーションパートと呼ばれ，対して $\mathbb{Z}^n$ は（自由加群であるから）フリーパートと呼ばれる．この n に対して $\operatorname{rank} G$ と書く．このコラムでわからない言葉に興味を持った人は，ぜひ調べてみてほしい．

K を枠付き結び目とし，その結び目図式を D とする．上記の定義から次が言える．

$$\begin{aligned}\langle D \rangle &= \sum_S (-1)^{p(S)} A^{q(S)} \\ &= \sum_{p,q} (-1)^p A^q \operatorname{rank} C_{p,q}(D) \\ &= \sum_{p,q} (-1)^p A^q \operatorname{rank} H_{p,q}(D).\end{aligned}$$

これより，

$$\langle K \rangle = \sum_{p,q} (-1)^p A^q \operatorname{rank} H_{p,q}(K)$$

$$= \sum_q A^q \sum_p (-1)^p \operatorname{rank} H_{p,q}(K)$$

となり，$H_{p,q}(K)$ を A^q 係数ごとのオイラー数を考えることで $\langle K \rangle$ が復元される．このことを $\langle \cdot \rangle$ から $H_{p,q}$ を得た**圏論化**に対して（反対方向のことを考えていることから）**脱圏論化**（decategorification）と呼ぶ．

我々は多項式が住んでいる多項式環の圏で結び目を観察してきたが，実は加群あるいはベクトル空間の圏によって観察していることの「影」を見ていたことになる（図 5.5）．

圏論化の考え方

```
        H_{p,q}(·)              ベクトル空間の圏

    圏論化  ↑↓  脱圏論化

         ⟨·⟩                   多項式の圏
```

図 5.5　圏論化の一例

圏論化の応用についての観点はいくつかあるが，ここでは 2 つほど述べておく．1 つ目は，図 5.5 におけるように，圏論化することで，多項式の研究のみだったものを（それとぴったり並行に）ホモロジーの研究により，結び目の解明を進めることを可能にしている点である．

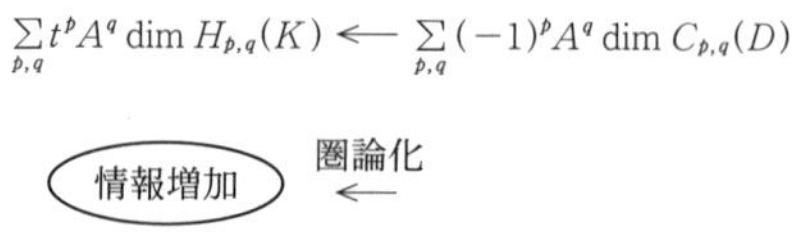

$$\sum_{p,q} t^p A^q \dim H_{p,q}(K) \longleftarrow \sum_{p,q} (-1)^p A^q \dim C_{p,q}(D)$$

図 5.6　同じ圏で比べたときの応用例

2 つ目は，同じ圏で比べる視点である．(-1) が代入されていた変数 t を考えれば，多項式の範囲でより情報の増えた（枠付き）結び目の不変量を得ることができているということである．この多項式の振る舞いは，(-1) が代入されていたときの議論の精密化になることが期待される．ただし，この場合は，数学におけるトーションの議論は捨てている．トーションを研究することが重要視される場面も多いのでどちらが良いとは言えないが，多項式の

研究として考える場合はこのような「パラメーターを付け加える」見方をベースにする議論も注目されている．

> **ビロの圏論化**
>
> 上記のビロの圏論化 $H_{p,q}$ のライデマイスター移動 $\mathcal{R}II$ と $\mathcal{R}III$ の不変性はビロの論文[7]では触れられていない．ホバノフホモロジーとのチェイン群における degree shift が述べてあるので，専門家がみればわかる，という判断なのだろう．しかしながら，ビロは不変性を導く chain homotopy（鎖ホモトピー）を明示的に書くことを論文では推奨していて，かつ，ホバノフホモロジーの $\mathcal{R}I$ 不変性のみ，そのレトラクションと鎖ホモトピーが与えられている．
>
> したがって，[9]においてビロの定義に対する $\mathcal{R}II$ と $\mathcal{R}III$ の不変性を与えるレトラクションと鎖ホモトピーの明示式を与えておいた（日本語による詳しい解説は，当時，奈良女子大学村井紘子研究室の修士2回生だった廣井望氏の修士論文[33]によって与えられている）．
>
> これは，その後の経験からすると，物理学者サイドにおいて計算の観点から有効性が見出されたようである．

上記のコラムを呑み込んで，ホバノフの結果のビロのバージョンとして得られた次を紹介しておく．なお，初学者向けに述べておくと，ホバノフはジョーンズ多項式の圏論化をしているので，論文で下記の構成は見つからないと思う．ビロの論文に登場している．

定理 5.1（ホバノフ[10]（2000），ビロ[7]（2002））

枠付き結び目の不変量 $H_{p,q}(K)$ が存在し次を満たす：

$$\langle K \rangle = \sum_{p,q} (-1)^p A^q \operatorname{rank} H_{p,q}(K).$$

5.5 整数係数のホモロジーへの拡張方法

ところで，整数係数の場合，$H_{p,q}(K)$ はどう定義されるのか，気になる人がいると思う．実は上記の $\{C_{p,q}(D), \partial_p\}$ に関してほんのすこし構造を加えるだけで済む話なので，今の時点で余力のある人はぜひ，下記の付け加えの定義をご覧いただきたい．また，定義の方法であるが，筆者は人によって好みが分かれることを講演するたびに経験してきたので，（方法1）と（方法2）の2通りで定義する[9]．読む前に第5.2節の冒頭，$b(s)$ の定義を思い出してほしい．

（**方法1**）　まず，$\mathbb{Z}_2$ 係数の $C_{p,q}(D)$ の定義を思い出すと
$$C_{p,q}(D) := \mathbb{Z}_2[\{S|p(S)=p,\ q(S)=q\}]$$
であった．$C_{p,q}(D)$ の生成元である細分化されたステイト S に対しては $b(S)$ にカウントされる交点たちに順序（という付加情報）が与えられたとする．この付加情報をもったステイトは，次の意味で S か $-S$ であるとする．あるステイトの順序を勝手に与えたものを S と書くとき，その順序が偶数置換で移り合うステイトは同一視して S とし，奇置換で移り合うステイトの場合は，$-S$ とする．

この意味でのステイトたちが生成する，整数係数の加群によって $C_{p,q}(D)$ はまったく同様に定義される．
$$C_{p,q}(D) := \mathbb{Z}[\{S|p(S)=p,\ q(S)=q\}].$$
このとき，$\mathbb{Z}_2$ 係数の場合の ∂_p の定義を書き直すことを考える．$\partial_p(S)$ を
$$\partial_p(S) = \sum_T T \quad (T \text{は} S \text{に対して図5.4のリストを走る})$$
によって定義する．ただし $b(T)$ にカウントされる交点の順序は S によって決まる順序の一番後ろに新しい交点を加えるとしてつくるものとする．以上で整数係数のホバノフホモロジーが定義された．

（**方法2**）　次の定義をする[10]．まず与えられた結び目図式 D に対してある状態 s を固定したときに定まる D の交点集合の部分集合
$$\{D \text{に対して} b(s) \text{にカウントされる交点}\} \tag{5.4}$$
を考え，$\mathbb{L}$ と書くことにする．

この集合の元の個数は $\hat{s} \in C_{p,q}(D)$ の関係にある D, p, q が固定されたときに決まることが定義から直ちにわかる．よってその意味で，その数を $n_{p,q}$ と書くことにする．

ところで，(5.4) の集合と p, q それぞれが決まっても，細分化されたステイト $S(=\hat{s})$ は一つに定まらないことに注意する．このとき，整数係数の加群 $C_{p,q,\mathbb{L}}(D)$ を次で定義する：
$$C_{p,q,\mathbb{L}}(D) := \langle \{S : \mathbb{L} \text{ を固定したときに得られる細分化されたステイト} \\ |p(S) = p, \ q(S) = q\} \rangle.$$

$\mathbb{L}$ の元の個数を $|\mathbb{L}|$ と書くことにする．ここで，全単射写像 $\mathbb{L} \to \{1, 2, \cdots, |\mathbb{L}|\}$ を2つ選んでそれを f と g とするときに，符号 $p(f,g)$ を次式で導入する．
$$p(f,g) := \begin{cases} 1 & f^{-1}g : \text{偶置換}, \\ -1 & f^{-1}g : \text{奇置換}. \end{cases}$$

$\mathbb{L}$ を固定したときに，すべての全単射写像 $\mathbb{L} \to \{1, 2, \cdots, |\mathbb{L}|\}$ からなる集合が生成する，整数係数の加群 $E(\mathbb{L})$ に関係式
$$f - p(f,g)g$$
を入れたものを $F(\mathbb{L})$ とする[11]．また $C_{p,q}(D)$ は
$$C_{p,q}(D) := \bigoplus_{\mathbb{L} \subset D \text{の交点集合}, |\mathbb{L}| = n_{p,q}} C_{p,q,\mathbb{L}}(D) \otimes F(\mathbb{L})$$
として定義する．このとき，T は S に対して図 5.4 のリストにより決まるとし，x を $\mathbb{L}$ の元を並べる有限列とし，a を S にはなく T に存在する $\mathbb{L}$ の元だとする．境界作用素 ∂_p を次で定める：
$$\partial_p(S \otimes [x]) = \sum_a T \otimes [xa].$$

5.6 ジョーンズ多項式の圏論化の方法

ジョーンズ多項式の圏論化を行うために第 5.4 節からもう一工夫する[12]．
まず，$\langle \bigcirc \rangle = -A^{-2} - A^2$ であることから，変数 q を $-A^{-2}$ または $-A^2$ に

---

9) この話をいろんな分野の人に話してみたのであるが，大まかにわけてトポロジーや幾何学を好む人と，代数が好きな人で好みが分かれるかもしれない，と推測した．
10) やや上級者向けなので，理解できなかったら，方法1だけを理解すればよい．幾何的な設定としては，同じことをしている．
11) より正確には，イデアル $(f-p(f,g)g)$ により，$F(\mathbb{L}) := E(\mathbb{L})/(f-p(f,g)g)$ として定義する．
12) 最初にジョーンズ多項式の方を見てしまうと，若干複雑に見えてしまう．筆者は，これが初学者を遠ざける要因の一つではないかと密かに恐れている．ご覧になるとわかるのだが，ジョーンズ多項式の圏論化における実際の考えはきわめてシンプルであり，定義も講演スライドにして3ページ程度である．これはカウフマンブラケットの圏論化を少し変えただけである．

等しいものとして導入する．ここでは前者を選ぶことにする：
$$q = -A^{-2}.$$
カテゴリフィケーション(圏論化)するため，前節の変形：
$$\langle D \rangle = \sum_S (-1)^{p(S)} A^{q(S)}$$
$$= \sum_{p,q} (-1)^p A^q \operatorname{rank} C_{p,q}(D)$$
と同様のことを考えよう．D を向き付き結び目 K の結び目図式とする．D の向きを忘れても $\langle D \rangle$ が意味を持つことに注意してほしい．また，状態 s は第 5.2 節，細分化されたステイト S は第 5.3 節により定義した，細分化されたステイトだとしてほしい．また，$|s|$ はステイト s に現れる円周の個数，$|S|$ は細分化されたステイト S に現れる円周の個数である．

$$(-A^3)^{-w(D)} \langle D \rangle = \sum_S (-A^3)^{-w(D)} A^{\sigma(S)} (-A^2 - A^{-2})^{|s|}$$
$$= \sum_S (-1)^{w(D)+|S|} A^{-3w(D)+\sigma(S)-2\tau(S)}$$
$$= \sum_S (-1)^{w(D)+\tau(S)} (A^{-2})^{w(D)+\frac{w(D)-\sigma(S)}{2}+\tau(S)}$$
$$(\because |S| \equiv \tau(S) \pmod 2)$$
$$= \sum_S (-1)^{\frac{w(D)-\sigma(S)}{2}} (-A^{-2})^{w(D)+\frac{w(D)-\sigma(S)}{2}+\tau(S)}$$
$$= \sum_S (-1)^{\frac{w(D)-\sigma(S)}{2}} q^{w(D)+\frac{w(D)-\sigma(S)}{2}+\tau(S)}$$
$$= \sum_S (-1)^{i(S)} q^{j(S)}.$$

ここで，一番最後の行は $i(S)$ と $j(S)$ を
$$i(S) := \frac{w(D)-\sigma(S)}{2}, \quad j(S) := w(D) + \frac{w(D)-\sigma(S)}{2} + \tau(S)$$
と定義したことによる等号である．

与えられた結び目図式 D に対し，$\mathbb{Z}_2$ 係数の加群 $C^{i,j}(D)$ を次で定義する．
$$C^{i,j}(D) := \mathbb{Z}_2[\{S | i(S) = i, \ j(S) = j\}].$$
境界作用素
$$d^i : C^{i,j}(D) \to C^{i+1,j}(D)$$
を
$$d^i(S) = \sum_T T \quad (T \text{ は } S \text{ に対して図 5.4 のリストを走る})$$

によって定義する．$\{C^{i,j}(D), d^i\}$ によるホモロジー群を $H^{i,j}(D)$ と書く．この整数係数への拡張も第5.5節と同様になされる．

次の定理5.2はホバノフ[10]の定理である．

定理5.2（ホバノフ，2000）

K を向き付き結び目とする．自明な結び目に対して $q+q^{-1}$ の値を返す，ジョーンズ多項式を $J(K)(q)$ と書くことにする．向き付き結び目の不変量 $H^{i,j}(K)$ が存在し次を満たす：

$$J(K)(q) = \sum_{i,j}(-1)^i q^j \operatorname{rank} H^{i,j}(K).$$

これが，ジョーンズ多項式 $J(K)(q)$ の圏論化と呼ばれるものである．

本書では，圏論化ということを2000年にホバノフのジョーンズ多項式の圏論化を中心に紹介している．しかしながら，本来圏論化はもっと広い範囲で述べられるといってよい．例えば，ジョーンズ多項式は量子群の表現[13]というものから導き出される．この量子群や量子群の表現といった上部構造も圏論化の視点から導かれることで，新たな数学の展開が見出されるかもしれない．あらゆる数学は圏論化の可能性を秘めていて，そのような視点が数学や物理を深化させていくことが何例か発見されている．圏論化の考え方はごく最近の数学を大きなうねりとして巻き込んでいくように観察される．

---

13) 第4.3節で扱ったような R 行列を扱う線型空間とその一般化．

第6章

圏論化がもたらすもの

　以下，本章ではその性格上，結び目射影図のことを結び目図式と呼ぶことにする．

6.1　結ばれ方を捉える結び目解消数，種数，そしてミルナー予想

6.1.1●結び目解消数

　結び目，結び目というが，漠然と考えてもきわめて捉えどころのない対象である．そこで，それらの複雑さを捉える，自然な概念として，**結び目解消数**を紹介する．

> **定義 6.1（交差交換）**
> 　結び目図式が与えられたとき，ある交点1つの上下の情報を取り替えることを**交差交換**と呼ぶ．

　交差交換は，便宜上，結び目図式の交点1つを含む十分小さな円板の取り替えとして表記されることが多い（図 6.1，次ページ）．
　すべての結び目図式はいくつかの交点を交差交換すれば，自明な結び目の結び目図式を表すことが簡単にわかる．説明しよう．結び目図式の上に任意に点を取ったとする．そこから曲線上で任意の方向（2択）を選んで，結び目図式を表す曲線をたどることを考える．このとき，交点に出会ったら，その交点を初めて通過するときに上側[1]として通り，2回目にその交点を通過するときは下側[2]を通過する．そのようにして辿りながら必要であれば，交差交換を行っていき，もとのスタート地点に戻る．得られた図式は（等高線を

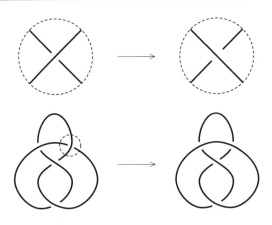

図 6.1 交差交換(上),具体例(下)

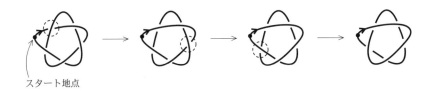

図 6.2 与えられた結び目図式から,自明な結び目の結び目図式をつくる具体例

下がり続けていく結び目という意味で),自明な結び目を表している(なお,第Ⅱ部第 7 章の最後でもほとんど同じ議論を扱う).

定義 6.2

　　与えられた結び目 K の,ある結び目図式を D_K とする.このとき,D_K を有限回交差交換して自明な結び目を表す結び目図式を得たときに,その取りうる交差交換の回数の最小値を $u(D_K)$ と表記する.

　　この記号を用いると,与えられた結び目によって決まる**結び目解消数** $u(K)$ とは,次で定義される.
$$u(K) = \min\{u(D_K) \mid D_K \text{ は } K \text{ の結び目図式}\}.$$

定義からわかるように,計算は容易ではない.最小性を証明することが一

---

1) 高架橋の上の道路をイメージすればよい.
2) 高架橋の下の道路をイメージすればよい.

般には簡単な計算とならないからだ．しかし，結び目の複雑さがもしも紐の局所的な継ぎ替えで計ることができるなら，それは気体や液体といったものを含む流体の解析やDNAを扱う生命科学，あるいは高分子を扱う材料科学に大きな貢献が期待されている．これらの分野の最前線では紐の継ぎ替え（結び目解消操作）や結び目の複雑度を計測することで説明されそうな現象が想定され，その理論が展開されるなら結び目解消数が基盤となってくると考えられるからである（さらに言えば，この本で紹介している結び目不変量というものも現象に関係した結び目の複雑さや特徴を計測する手段の一つとなり得ることが考えられる）．

数学者たちは $u(K)$ の決定にも力を注いでおり，日本にはその方面で世界的な業績をあげた研究者が権威から若手まで数多く，この方面に進みやすい環境があることも申し添えておきたい．

6.1.2●結び目の種数

結び目の複雑さを捉えることについて，古くから自然に考えられてきた，もう一つの指標がある．それが**結び目種数**である．

> **定義6.3**
> 結び目 K に対して，結び目の境界 ∂K が S_K となるような $\mathbb{R}^3$ 内の向き付け可能な曲面 S_K を考える．結び目 K の種数 $g_3(K)$ とは次で定義される：
> $$g_3(K) = \min\{S_K \text{の種数} | S_K \subset \mathbb{R}^3\}.$$

ところで，**曲面の種数とは一体なんだ？　いや，それ以前に結び目を境界とする曲面がイメージできないじゃないか！** という読者もいると思われるので，そういう方は，付録（第2.8節）の**曲面の展開図の書き方速習法**を読んでからここまで戻ってきてほしい．

> $u(K) = g_3(K) = 1$ **の結び目** K
> $u(K) = g_3(K) = 1$ を満たす結び目の決定は，1989年に小林毅[11]，シャーレマン-トンプソン(Scharlemann-Tompson)[12]によって独立になされた．それは二重化結び目という概念によって

記述される.

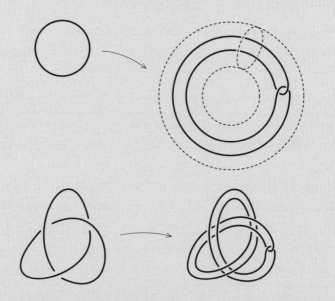

図 6.3 自明な結び目の二重化と補助図としてのトーラス(上段)および三葉結び目と呼ばれる 3_1 の二重化(下段)

自明な結び目は太らせると結ばれていないトーラスになるが,そこで,図のような結び目をとるのが,自明な結び目の2重化である.一般にトーラスは結ばれているとすれば,それに対応して一般の2重化結び目が定まる(例は図の2重化した三葉結び目).

結び目解消数と,結び目種数に関して,**ミルナー予想**と呼ばれるものがある[3].そこでは結び目種数 g_3 の定義を少し変えたものを考える.

定義 6.4

結び目 K に対して,結び目の境界 ∂K が S_K となるような $\mathbb{R}^4$ 内に滑らかに埋め込まれた向き付け可能な曲面 S_K を考える.結び目 K の **4-種数** $g_4(K)$ とは次で定義される:
$$g_4(K) = \min\{S_K \text{ の種数} | S_K \subset \mathbb{R}^4\}.$$

---

[3] ミルナーとは 1962 年にフィールズ賞を受賞した J. W. Milnor である.予想は[13]を参照.

予想 6.1（ミルナー予想）

K を (p,q) トーラス結び目とする．
$$u(K) = g_4(K) = \frac{(p-1)(q-1)}{2}$$
であろう．

　ミルナー予想は，1993 年にピーター・クロンハイマー（P. Kronheimer）とトーマツ・ムロウカ（T. Mrowka）により，ゲージ理論を用いて解決された [14]．本書との関連でいうと，ホバノフホモロジー（Khovanov homology）の変形版にあたる，イ・ウンス（E. S. Lee）によるリーホモロジー[4]（[15]，Lee homology）を使ったヤコブ・ラスムッセン（J. Rasmussen）の不変量（[16]）の応用として別証明が与えられている．この証明は，現在では簡易化が進み，ほとんどの部分は初学者でも理解できる．しかし，一箇所，ホモロジーの函手性が理解できていないと，（証明はチェックできるのかもしれないが）納得するのが困難な箇所がある．そのため，結び目理論の圏論として，次の第 6.2 節を速習した後で，第 6.6 節でその証明を解説する．

6.2　圏と函手

　集合論では，適切な公理を設定して，集合を定義する．圏に関して論ずるときは，集合よりも広い範囲を扱わなくてはいけない[5]．集合という意味よりも範囲の広い"ものの集まり"を定義することができた[6]として，「集まり」と表記し，以下の話を進める．

定義 6.5

　$\mathcal{C}$ が**小圏**であるとは，

- 対象の「集まり」である $\mathrm{Ob}\,\mathcal{C}$，
- 対象 A, B に対して A から B への射と呼ばれるものの集合 $\mathcal{C}(A, B)$，
- A から B への射 u，B から C への射 v に対して，u と v の合成と呼ばれる A から C への射 $v \circ u$ が決まる．このとき合成

は次を満たす．

(1) A, B を対象とする．A は次を満たす：A から A への射 1_A が存在して，A から B への任意の射 u，B から A への任意の射 v に対して $u \circ 1_A = u$，$1_A \circ v = v$．

(2) A, B, C, D を $\mathcal{C}$ の対象とする．A から B への射 u，B から C への射を v，C から D への射を w とすると，$w \circ (v \circ u) = (w \circ v) \circ u$ が成り立つ．

本書では以降この小圏のことを単に**圏**と呼ぶことにする．また，1_A を**恒等射**と呼ぶことにする．

言い回しの簡略化のため，以下の記号を導入しておく．

記号 6.1

(1) A が $\mathcal{C}$ の**対象**であるとき，$A \in \mathcal{C}$ と書くことにする．

(2) f が $A, B \in \mathcal{C}$ の**射**であるとき，$f \in \mathcal{C}(A, B)$ と書くことにする．

圏というものは，その一つをみるだけだと，面白さの少なくとも半分（人によってはそれ以上）は逃している．例えば，地域として地元だけを見て日本を観察している状態と，友人の地元や好きな旅行先を見ながら日本を観察している状態の違いである．2つ以上の地域があると，より広い視点からの俯瞰的な観察ができるといえよう．数学においてはこのような類似構造を（「似ている」といった曖昧な「コトバ」ではなく）はっきりとした概念として記述することが可能なのである（初めて体感する読者はこのような数学の素晴らしさをじわじわと噛み締めてほしい）．第1歩は**函手**の定義を知ることから始まる．

---

4) E. S. Lee のカタカナ表記からするとリーホモロジーではなくイ・ホモロジーが正しいように思われるが，リーホモロジーという呼称が定着しつつある現況を踏まえ，暫定的に表記そのままとした．

5) すべての集合の集まりは集合ではない（「ラッセルの背理（Russell's paradox）」として有名な話であるから，読者は調べるなり，証明された．例えば [26] の序章を見よ）．したがって，ものの集まりを集合とすると矛盾が生ずる．

6) 集合は"ものの集まり"の一例であるので，あつかうものの守備範囲が広い，と思ってほしい．

定義 6.6

$\mathscr{C}$ と $\mathscr{C}'$ を 2 つの圏とする．$\mathscr{C}$ の任意の対象 X に $F(X) \in \mathscr{C}'$ を，$\mathscr{C}(X,Y)$ の任意の射に $F(u) \in \mathscr{C}'(F(X), F(Y))$ を，対応させる法則があって，

(1) $F(1_X) = 1_{F(X)}$,
(2) $F(v \circ u) = F(v) \circ F(u)$

を満たすとき，F を $\mathscr{C}$ から $\mathscr{C}'$ への**共変函手**と呼ぶ．

タイトルは「函手」なのに，どうして「共変函手」という難しげな言葉を使うのか？と敬遠する読者もいるかもしれない．その疑問の解消には，次の「反変函手」という定義を見れば良い．「共変」と「反変」の二つをセットにして「函手」というものが理解される．それはホモロジーとコホモロジーをセットにしてホモロジーを理解することに対応している．

定義 6.7

$\mathscr{C}$ と $\mathscr{C}'$ を 2 つの圏とする．$\mathscr{C}$ の任意の対象 X に $F(X) \in \mathscr{C}'$ を，$\mathscr{C}(X,Y)$ の任意の射に $F(u) \in \mathscr{C}'(F(Y), F(X))$ を，対応させる法則があって，

(1) $F(1_X) = 1_{F(X)}$,
(2) $F(v \circ u) = F(u) \circ F(v)$

を満たすとき，F を $\mathscr{C}$ から $\mathscr{C}'$ への**反変函手**と呼ぶ．

これら共変函手，反変函手を特に区別しないときには単に**函手**と呼んでいる（口語的かもしれないので読者は公的な発表やセミナーでは気をつけてほしい）．

6.3 共変函手のごく身近な例

身近なものとして,有限集合からなる圏を考える.これは,対象が有限集合,射は有限集合から有限集合の写像である.合成は写像の合成,対象である有限集合 A に対して恒等射 1_A として恒等写像を考えると,圏としての条件を満たす.

次に有限次元のベクトル空間を対象とする圏を考えてみよう.射は,有限次元ベクトル空間から有限次元ベクトル空間への線型写像を取れば良い.すると,線型写像と線型写像の合成が決まる.恒等射は有限次元ベクトル空間 A の恒等写像を考えれば良い.

では,この有限集合のなす圏と有限次元ベクトル空間のなす圏の間に函手を構成してみよう.簡単のため,ベクトル空間を実数係数ベクトル空間としよう.本来は実数ではなくても成り立つので,以下,しばらく(実)ベクトル空間と記述する.

負ではない整数 n を勝手にとってほしい.要素の個数 n からなる,ある有限集合 $\{x_1, x_2, \cdots, x_n\}$ を $\mathrm{Set}(n)$ と書くことにする.要素すべてに入っている順序も勝手に与えるものとする.射として写像

$$\mathrm{Set}(n) \longrightarrow \mathrm{Set}(m) := \{y_1, y_2, \cdots, y_m\}$$

が考えられる.

$\mathrm{Set}(n)$ が張る n 次元(実)ベクトル空間は

$$\sum_{i=1}^{n} \lambda_i x_i \quad (\lambda_i \in \mathbb{R})$$

の全体として定義される.なぜならば,(実)ベクトル空間の和と係数の掛け算は

$$\left(\sum_{i=1}^{n} \lambda_i x_i\right) + \left(\sum_{i=1}^{n} \lambda'_i x_i\right) := \sum_{i=1}^{n} (\lambda_i + \lambda'_i) x_i,$$

$$\lambda \cdot \left(\sum_{i=1}^{n} \lambda_i x_i\right) := \left(\sum_{i=1}^{n} \lambda \lambda_i x_i\right) \quad (\lambda \in \mathbb{R})$$

によって定義できるからである.

このように $\mathrm{Set}(n)$ から一意的に定まる n 次元ベクトル空間を $F(\mathrm{Set}(n))$ と書くことにする.

次に射の方は写像 $f: \mathrm{Set}(n) \to \mathrm{Set}(m)$ が与えられたら,n 次元(実)ベクトル空間の基底をなすベクトルの集合から m 次元(実)ベクトル空間の基底

をなすベクトルの集合への写像が与えられているとみなして，線型写像
$$F(f) : F(\text{Set}(n)) \longrightarrow F(\text{Set}(m))$$
が定義できる．

この F が，有限集合の圏から有限次元(実)ベクトル空間の圏への共変函手になっているかをチェックしておこう．まず，有限集合 X の恒等射 1_X は，X を基底をなすベクトルの集合としたときの恒等写像(すなわち恒等行列)が $F(1_X)$ である．また，ある有限集合の写像たち
$$u : \text{Set}(n) \longrightarrow \text{Set}(m), \quad v : \text{Set}(m) \longrightarrow \text{Set}(l)$$
があるとする．上記で見たように，
$$F(u) : F(\text{Set}(n)) \longrightarrow F(\text{Set}(m)),$$
$$F(v) : F(\text{Set}(m)) \longrightarrow F(\text{Set}(l))$$
がそれぞれ定まる．

今，合成写像
$$v \circ u : \text{Set}(n) \longrightarrow \text{Set}(l)$$
を考えると，$v \circ u$ によって $\text{Set}(n)$ なる基底をなすベクトルの集合を $\text{Set}(l)$ に移す方法がわかっているので，線型写像
$$F(v \circ u) : F(\text{Set}(n)) \longrightarrow F(\text{Set}(l))$$
も考えられる．ここで，$v \circ u$ の定義から，$F(v \circ u)$ と $F(v) \circ F(u)$ の基底をなす各ベクトルの行き先は変わることがないので，
$$F(v \circ u) = F(v) \circ F(u)$$
となる．

以上により，F が，有限集合の圏から有限次元(実)ベクトル空間の圏への共変函手になっていることがわかる．

6.4 反変函手のごく身近な例

有限次元(実)ベクトル空間を対象とする圏を考える[7]．

負ではない整数 n に対して，n 次元(実)ベクトル空間を V^n と書くことにする．
$$f : V^n \longrightarrow \mathbb{R}, \quad g : V^n \longrightarrow \mathbb{R}$$
に対して，$f + g$ と $\lambda f \, (\lambda \in \mathbb{R})$ を
$$(f + g)(x) := f(x) + g(x), \quad (\lambda f)(x) := \lambda f(x)$$

によって定義する．このことにより，n 次元(実)ベクトル空間を定義域とし実数を値にとる線型写像すべてからなる集合は線型空間をなす[8]．

この線型写像たちがなす(実)ベクトル空間を，V^n の**双対空間**，あるいは短く**双対**とよび，$(V^n)^*$ によって表す．次元を省略して書きたいときは，ベクトル空間 V の双対は V^* と書く．V^* も有限次元ベクトル空間となっていることはあとでゆっくりでも良いから納得しておこう．

今，線型写像
$$\varphi : V^m \longrightarrow V^n$$
に対して，
$$f \circ \varphi$$
は線型写像
$$V^m \longrightarrow \mathbb{R}$$
を定めている．この f を任意に選ぶことを考えよう．すると，
$$f \mapsto f \circ \varphi \quad (\forall f)$$
なる写像が考えられる．どのような写像かをもう一度繰り返すと $f \in (V^n)^*$ を $f \circ \varphi \in (V^m)^*$ に送る写像である．これを φ^* と書くことにする．φ^* は，$\lambda, \mu \in \mathbb{R}$ に対して
$$\varphi^*(\lambda f + \mu g) = (\lambda f + \mu g) \circ \varphi$$
$$= \lambda f \circ \varphi + \mu g \circ \varphi$$
$$= \lambda \varphi^*(f) + \mu \varphi^*(g)$$
となって，線型写像であることがわかる．この φ^* を φ の**双対**と呼ぶ．

有限次元ベクトル空間の圏と有限次元双対ベクトル空間の圏というように，2 つの圏の間にはどのような関係があるか？ ということを調べてみたくなったときがあるとする．そういうときには，何らかの函手を見出すこと(あるいは作成すること)が求められる．では，見てみよう．チェック順に箇条書きする．

(1) V^n に対して $F(V_n) := (V_n)^*$ を対応させる．
(2) $\varphi : V_m \to V_n$ に対して $F(\varphi) := \varphi^* (: (V_n)^* \to (V_m)^*)$ を対応させる．
(3) 上記の F の定義から恒等写像 1_{V^n} の双対 $F(1_{V^n}) (:= (1_{V^n})^*)$ は

---

7) 大学 1 年生で習うものなので，親しみがあるのではないかと思い，選んでいる．
8) 難しく感じるかもしれないが，数に値をとる線型写像が n 成分からなる横ベクトルに対応し，その横ベクトルがなすベクトル空間を思い浮かべれば，抵抗はないだろう．

$$f \mapsto f \circ 1_{V^n}$$

であることを思い出すと，恒等写像 $1_{(V^n)^*}$ である．すなわち，
$$F(1_{V^n}) = 1_{(V^n)^*}.$$

(4) 次に $F(\varphi \circ \psi)$ を考える．定義から $F(\varphi \circ \psi) = (\varphi \circ \psi)^*$ である．今，考えやすくするために具体的に
$$\varphi : V^m \longrightarrow V^n, \quad \psi : V^l \longrightarrow V^m$$
としておこう．このとき，
$$\varphi^* : (V^n)^* \longrightarrow (V^m)^* ; f \mapsto f \circ \varphi$$
$$\psi^* : (V^m)^* \longrightarrow (V^l)^* ; g \mapsto g \circ \psi$$
となる．このことから，合成 $\psi^* \circ \varphi^*$ の意味が
$$f \mapsto f \circ \varphi \mapsto (f \circ \varphi) \circ \psi$$
という意味だとはっきりと捉えられた．

次に $(\varphi \circ \psi)^*$ を考察してみよう．$\varphi \circ \psi : V^l \to V^n$ なる線型写像に対して，双対の定義から
$$(\varphi \circ \psi)^* : f \mapsto f \circ (\varphi \circ \psi)$$
という意味である．ここで，線型写像の合成の括弧を付け替えられる(あるいは，圏の定義からそもそもそういう射の合成しか扱わない)ことから，
$$f \circ (\varphi \circ \psi) = (f \circ \varphi) \circ \psi$$
よって，
$$(\varphi \circ \psi)^* : f \mapsto f \circ (\varphi \circ \psi) = (f \circ \varphi) \circ \psi$$
上記で行ったように，合成 $\psi^* \circ \varphi^*$ の意味を考えると，
$$F(\varphi \circ \psi) = (\varphi \circ \psi)^*$$
$$= \psi^* \circ \varphi^*$$
$$= F(\psi) \circ F(\varphi).$$

以上から，上記の F は，有限次元ベクトル空間の圏と有限次元双対ベクトル空間の圏への反変函手であることがわかる．

以上で，読者は函手という概念，つまり共変函手と反変函手の具体例をチェックした．このように数学として設定できる"ものの集まり"で大抵のものは圏としてみなせて，それは函手という形で「ものごとの類似性」を数学的に厳密に記述できるのである．

ところで脱線気味であるが一言付け加えておく．特にこの本を読みながら青春時代を過ごしている人は，世の中のことを数学に当てはめることに抵抗を覚えたり，その当てはめ方に疑問を感じたりすることが，ままあると思う．しかしながらそれは否定的なことではない．むしろ肯定的なことである．それはとても自然な抵抗感や疑問であり，あらゆる数学は，そのような抵抗感や疑問を内包するのである．青春時代を過ごしている読者にとって，目の前のわからないこと，不思議に思うことはすぐに理解できることばかりではないだろう．むしろ理解できないこと，不可解なことの多くに悩むかもしれない．しかしながらそういった問題意識を溜め込むキャパシティを拡げていくことで，問題を深く理解しようとする力（特に数学力）が身につくようになっていく[9]．わからないことは恥ずかしさの源ではなく，好奇心を刺激する源である．こうなると結果として考えたり勉強したりすること（特に数学ライフ）がますます楽しくなってくるだろう．

> **ジョーンズ多項式の圏論化に関する，ある一面**
>
> ジョーンズ多項式の圏論化は，有限集合の圏からベクトル空間の圏への函手をつくる形も内包している（もっとほかの見方もある）．例えば，結び目図式 D のすべてのステイト S からなる有限集合
>
> $\{S | S \text{ は結び目図式 } D \text{ のステイト}\}$
>
> なる対象を $\mathrm{Set}(D)$ と書くと，それは線型空間
>
> $\langle \{S | S \text{ は結び目図式 } D \text{ のステイト}\} \rangle$
>
> に対応させる．すなわち $F(\mathrm{Set}(D))$ を考えることになる．

6.5 ホモロジー函手

結び目の圏論化の中心的な話題はホモロジーとコホモロジーである．したがって，第2章で学んだホモロジーを例にして考える．以下の話は $\mathbb{Z}_2$ 係数でも，整数係数でも同様である．また，整数係数のホモロジーの定義は係数を体 $\mathbb{Q}$ に取り替えても，加群と準同型写像を，ベクトル空間と線型写像に読み替える以外，本書のホモロジーの定義は変わらない．むしろ，そのように

---

[9] そうして過ごしていくと，多くの疑問の中できっちり"証明"できるのはほんの少しだといつしか気づいてしまうかもしれない．だが同時にその「証明した少しのこと」が本当に力強いことなのだと理解されるに違いない．

読み変えられるように第2章，第5章を記述したため，読者はそのように適宜読み替えてほしい．

以下，第2章，第5章では $\mathbb{Q}$ 係数のホモロジーを定義したとして，かつ本章でも $\mathbb{Q}$ 係数のホモロジーと扱うものとして話を展開する．

さて，チェイン複体 $\{C_i, \partial_i\}_{i \in \mathbb{Z}}, \{C'_i, \partial'_i\}_{i \in \mathbb{Z}}$ をもってきたときに，各 i に対して
$$\varphi_i : C_i \longrightarrow C'_i$$
が存在して $\varphi_i \circ \partial_{i+1} = \partial'_{i+1} \circ \varphi_{i+1}$ を満たすとする．この写像を**チェイン写像**と呼ぶ．

以上により，チェイン複体が与えられたとき，対象をチェイン群，射をチェイン写像とする圏が考えられる．"チェイン写像"という**いかめしい名前がついていても線型性から簡単に射のなすべき**（恒等射と合成）**条件はチェック**されることに注意してほしい．

ところで，チェイン複体を一文字で $C = \{C_i, \partial_i\}_{i \in \mathbb{Z}}, C' = \{C'_i, \partial'_i\}_{i \in \mathbb{Z}}$ と書くことにしよう．対応するホモロジー群は C から決まっていたので，$H_i(C)$ と書くことにする．

では，チェイン写像はどうであろうか？
$$\varphi_i : C_i \longrightarrow C'_i$$
を考えると，これは定義域を制限した写像
$$\varphi_i|_{Z_i} : Z_i \longrightarrow Z'_i$$
を定める．なぜならば，もし $\partial_i(c) = 0$ ならば，
$$\varphi_{i-1} \circ \partial_i(c) = \partial'_i \circ \varphi_i(c)$$
は左辺が0になるために，その行き先の $\varphi_i(c)$ も Z'_i に入ることに注意しよう．

さらに $\varphi_i|_{Z_i}$ が
$$H_i(C) \longrightarrow H_i(C')$$
という写像を定めることも確かめてみよう．

そもそも $H_i(C)$ の元は Z_i に同値関係を定めて，同値類がなすベクトル空間（一般には加群）を考えていたのであった．今，$[c] \in H_i(C)$ を取る．同値類 $[c]$ の代表元を勝手に2つとり，$c, c' (\in Z_i)$ としよう．すると同値類の定め方から $c - c' \in B_i$ となっている．したがって，ある e が存在して $c - c' = \partial_{i+1}(e)$ である．この式を
$$\varphi_i \circ \partial_{i+1}(e) = \partial'_{i+1} \circ \varphi_{i+1}(e)$$

に代入すると $e' = \varphi_{i+1}(e)$ なる元が存在して
$$\varphi_i(c) - \varphi_i(c') = \varphi_i(c-c') = \partial'_{i+1}(e') \in Z'_i.$$
したがって, $[c]$ の, どの代表元の行き先も, $\varphi_i(c)$ と同じ同値類に入る[10]. このことから, 写像 φ_i は
$$[c] \mapsto [\varphi_i(c)]$$
を定める. これを**チェイン写像から誘導される写像**と呼ぶことにし, $[\varphi_i]$ または $H(\varphi_i)$ と書く.

ここでしばらくチェイン群 $\{C_i\}_{i \in \mathbb{Z}}$ とチェイン写像 $\{\varphi_i\}_{i \in \mathbb{Z}}$ の圏, ホモロジー群 $\{H_i(C)\}_{i \in \mathbb{Z}}$ とチェイン写像から誘導される写像 $\{[\varphi_i]\}_{i \in \mathbb{Z}}$ の圏, この2つの圏を見比べて観察してみよう.

対象 C_i に対して対象 $H_i(C)$ が決まり, 射 φ_i に対して, 射 $[\varphi_i]$ が決まる. $[\varphi_i]$ の定義から, $[1_{C_i}]$ は恒等写像, また, $[\psi_i \circ \varphi_i] = [\psi_i] \circ [\varphi_i]$ となる. このことから, $\{H_i\}_{i \in \mathbb{Z}}$ をひとまとめとして考えて, H と表記すれば, H はチェイン群とチェイン写像のなす圏から, ホモロジー群とチェイン写像から誘導される写像のなす圏への共変函手である. よって, このホモロジー群は次数付きベクトル空間(一般には次数付き加群)であり, チェイン写像から誘導される写像は線型写像(一般には準同型写像)であるから, H はチェイン群とチェイン写像のなす圏から次数付きベクトル空間と線型写像の圏(一般には次数付き加群と準同型写像からなる圏)への共変函手である. これを**ホモロジー函手**と呼ぶ. 函手性を明示するために, φ_i に対する $[\varphi_i]$ を $\varphi := \{\varphi_i\}_{i \in \mathbb{Z}}$ として $H_i(\varphi)$ と書くことも許すことにする.

このホモロジー函手を別の見方による函手性として見直しておこう. 先ほどの議論では, 対象 C_i から対象 $H_i(C)$ を指定するときに, 自然な発想として C_i と C_i の間の線型写像が $H_i(C)$ と $H_i(C)$ の間の線型写像として定めることからなる函手であった. これは $C = \{C_i, \partial_i\}_{i \in \mathbb{Z}}$ を一つ眺めることによって考えられるものであった.

今度はホモロジー群 $H_i(C)$ 側から眺めたときに, $H_i(f)$ と $H_i(g)$ が"同じ"写像, すなわち写像として $H_i(f) = H_i(g)$ という関係性を導くために要求される C 側の構造を考えてみよう.

ある2つのチェイン写像 $f_i \colon C_i \to C'_i$, $g_i \colon C_i \to C'_i$ $(i \in \mathbb{Z})$ があったとする. これに対して各 i に対する線型写像

---

[10] 同値類の概念にそこまで慣れていない人は, 自分がすぐに思いつく, たとえ話を2通りくらい考えてみよう.

$$h_i : C_i \longrightarrow C'_{i+1}$$

が存在して

$$\partial'_{i+1} h_i + h_{i-1} \partial_i = f_i - g_i$$

を満たすものとする.

このとき, $H_i(f) = H_i(g)$ となることを見てみよう. まず, 勝手に $c \in Z_i$ を選ぶ. このときに, チェイン写像から誘導される写像が定まることは示してあるので, $[f_i]([c]) = [f_i(c)]$. よって $[f_i(c)] = [g_i(c)]$ (すなわち $f_i(c) - g_i(c) \in B_i$)であることを示せば, $[f_i] = [g_i]$ であるので, 示したいことは言える. しかし, それは次のように簡単に確かめられる:

勝手な $c \in Z_i$ に対して $\partial_i(c) = 0$ であるから

$$f_i(c) - g_i(c) = (\partial'_{i+1} h_i + h_{i-1} \partial_i)(c) = \partial'_{i+1} h_i(c) \in B_i.$$

まとめよう. 今, チェイン複体 $\{C_i, \partial_i\}_{i \in \mathbb{Z}}$ が与えられているとする. $i \in \mathbb{Z}$ を勝手にとったとき, チェイン写像 f_i, g_i に対して, ある $h_i : C_i \to C'_{i+1}$ が存在して $\partial'_{i+1} h_i + h_{i-1} \partial_i = f_i - g_i$ を満たすとき, $f = \{f_i\}_{i \in \mathbb{Z}}$ と $g = \{g_i\}_{i \in \mathbb{Z}}$ は**チェインホモトピック**であるという. 上で見たように, $H_i(f) = H_i(g)$ ($i \in \mathbb{Z}$) である. $h = \{h_i\}_{i \in \mathbb{Z}}$ を**チェインホモトピー**と呼ぶ.

これは共変函手を与える. 今, チェイン複体 $C = \{C_i, \partial_i\}_{i \in \mathbb{Z}}$ が与えられているとしよう. チェイン群 $C_i \in \{C_i\}_{i \in \mathbb{Z}}$ という対象に対し, 次数付きアーベル群 $H_i(C) \in \{H_i(C)\}_{i \in \mathbb{Z}}$ を対応させる. また, チェイン写像 $\varphi_i \in \{\varphi_i\}_{i \in \mathbb{Z}}$ という射に対して φ_i のチェインホモトピーによる同値類 $H_i(\varphi)$ という射を対応させる. このとき, H はホモロジー函手にほかならない.

以上, 見てきたことをまとめると, H はチェイン群とチェイン写像のなす圏からホモロジー群と, チェイン写像のチェインホモトピー同値類のなす圏への共変函手を与えているとも言い換えられる.

以降, ホモロジー函手の考えがいかに強力であるかの具体例を記述していく.

ホモロジー函手と結び目不変量

ホモロジー函手は, 例えばホバノフホモロジーが結び目不変量であることを示すときにも活躍する. 我々は結び目図式のジョーンズ多項式をなしていた細分化されたステイト(第4章)から, ベクトル空間と境界作用素を考えることでホモロジーを定義してい

た(第 5 章). 2つのチェイン写像 $f = \{f_i\}_{i \in \mathbb{Z}}$ と $g = \{g_i\}_{i \in \mathbb{Z}}$ のホモロジー函手を考えたときの $H_i(f) = H_i(g)$ のうち,f をチェイン複体を"つぶす"写像 ρ(レトラクションと呼ばれる)とつぶしたものをもとの空間にいれる包含写像 in の合成,g を恒等写像 id とすることを考える.ホバノフホモロジーにおいてはライデマイスター移動 $\mathcal{R}\mathrm{I}, \mathcal{R}\mathrm{II}, \mathcal{R}\mathrm{III}$ に対応する $\rho_r (r = \mathrm{I}, \mathrm{II}, \mathrm{III})$ が存在し,等式 $H_i(\mathrm{in} \circ \rho_r) = H_i(\mathrm{id})$ を満たす.よってこの ρ_r を使った議論によってホバノフホモロジーが $\mathcal{R}\mathrm{I}, \mathcal{R}\mathrm{II}, \mathcal{R}\mathrm{III}$ で変わらないことが示されるのである.一言で言うと $H(\rho_r)$ がホモロジーの同型を導く.実はライデマイスター移動は結び目の一般化である絡み目(定義 6.22)についても考えられ,ρ_r は自然にその議論に一般化される.

この ρ_r の様子は多項式におけるジョーンズ多項式の不変性を示すときと,きわめて似通っていることがライデマイスター $\mathcal{R}\mathrm{II}$ と $\mathcal{R}\mathrm{III}$ それぞれに対するチェインホモトピーおよび $H_i(\rho_r)$ を書き下すとよくわかる.次から始まる第 6.6 節のリーのホモロジーも第 5 章のホバノフホモロジーも十分一般化すると共通の ρ_r がとられる.これについては結び目を対象とし,2 つの結び目(厳密には基点付き結び目)を境界とする曲面(コボルディズムと呼ばれる)を射に対応させる圏を使う方法 [17],また,この本の範疇でいうと第 5 章のビロの定義で直接確かめる方法がある [9, 18].

6.6 ホモロジー函手とミルナー予想の再証明

この節では,ラスムッセン[11] によるミルナー予想の別証明を理解することを目標としている.

始める前にいくつかこの節の取り決めをしておこう.この節では,結び目といったら,向き付き結び目のことを指しているものとして話を進める.また,登場する曲面はすべて向き付け可能な曲面[12]とする.ホバノフホモロジーは,次数 i (これは**ホモロジカル次数**と呼ばれる)が上がるので「コホモロジー」と呼びたい人が数多くおられることだろう.一方でホバノフホモロジー

---

[11] この証明はラスムッセンのオリジナルの証明 [16],および,その噛み砕いた解説をしている Lewark の修士論文 [19] に従った(Lewark の日本語表記はまだ定まっていないので英語表記のままとした).
[12] 初学者は付録(第 2.8 節)も参照のこと

H^i は結び目がなす圏に関しては共変函手を導くので，ホモロジーと呼ぶ方が自然な感じもする．実際，歴史的にもその呼び名は揺れていたような雰囲気を感じるが，ここ数年は，「コホモロジー」ではなく「ホモロジー」で落ち着いている感じもあるので，本書でも「ホモロジー」と呼ぶことにする．また，この節で用いるホバノフホモロジーは，ベクトル空間の係数として有理数からなる体 $\mathbb{Q}$ を用いる．有理数からなる体 $\mathbb{Q}$ を係数とするホバノフホモロジーの定義は，第5章における整数係数でのホバノフホモロジーの定義をそのまま有理数係数だと思って読めば定義が得られる（気になる読者はその定義を書き下してみてほしい）[13]．ベクトル空間の次元(dimension)の表記は dim を使うことが多いので，本節では rank の代わりに dim を用いていく．

リーホモロジーの係数への注釈（やや専門家向け）

実はホバノフホモロジーの境界作用素を少し変えると $\mathbb{Z}_2$ から導かれる体 $\mathbb{F}_2$ を使って $\mathbb{F}_2$ 係数ホモロジーとしてラスムッセンが証明に用いたリーホモロジーと同型なものがでてくることがバー・ナタン(Bar-Natan)[17]によって知られており，バー・ナタンホモロジーを使ってラスムッセン不変量を導く研究が最近登場している[20]．本書が初学者向けということで，どのように書こうか筆者は非常に悩んだ．忙しいエンジニアの人にとっては，すべてを一度 $\mathbb{Z}_2$ 係数で理解することは効率の良い勉強法だとも思われたからである．

しかし，ホバノフホモロジーを勉強したい人には，整数係数ホモロジーが知りたい人も相当数いること，およびリーホモロジーの多くの文献がリーの定義した有理数係数ホモロジーを用いていること，[20]の登場から日が浅く（実際，[20](2014)は既出版[21](2007)の証明のギャップを指摘し，それを埋める形で登場している），原著に挑む読者の便宜として有理数係数のラスムッセン理論を書いておいたほうが良いのではないかと考えた．

さて，ここから**リーホモロジー(Lee homology)**について理解していく．リーホモロジーはホバノフホモロジーから時を置かずして登場した．これに関しては，あらゆる観点から考察がなされていて，きわめて興味深い．

ホバノフホモロジーのより良い応用を考えるとき，ジョーンズ多項式の q^j に対応する次数 j (これは**量子次数**と呼ばれる)によって，あるフィルトレーションを考えて，それにより結び目の情報をわかりやすく捉えようということはホモロジー理論におけるスペクトル系列という観点からは，きわめて自然なことであった．また，上記のような(若干深い)研究背景を抜きにしても，ホバノフホモロジーの境界作用素を少し変えて，ホバノフホモロジーの変種ができたなら，ということは多くの人が素朴に考えそうなことであろう．

フィルトレーション

ジョーンズ多項式の q^j という量子次数 j が境界作用素によって上がるということによって，ベクトル空間
$$F^j = \langle \{S : 細分化されたステイト \mid j(S) \leq j\}\rangle$$
が考えられる．これは，次のベクトル空間列(一般には加群の列)
$$\cdots \subset F^{j+1} \subset F^j \subset F^{j-1} \subset \cdots$$
を与える．このような空間列をフィルトレーションという．ほかにバシリエフ不変量という結び目理論では重要な概念のときもフィルトレーションを考える．この概念は結び目の数学だけでなく，数学の随所に現れる重要な視点である．

ホバノフホモロジーの計算というものは，少しやってみると手計算ではなかなか骨が折れることがわかる．すると，何が Z_i で何が B_i かがわかる類似のホモロジーから結び目を捉えようとすることも大事な姿勢だと気づく．ホバノフホモロジーの $\boldsymbol{x}, \boldsymbol{1}$ の演算を用いてうまい置き換え(変数変換)をして境界作用素によって明解な条件で B_i に残る，あるいは簡単な条件で Z_i が何かがすぐわかるということが可能なら，もっと計算しやすい何かが得られるはずである．そして，そこから端的に結び目の新情報が得られるならば，それこそジョーンズ多項式を圏論化した成果がもっとダイレクトにつかめるのではないだろうか．

以上を踏まえて，ホバノフホモロジーの境界作用素の定義を図 5.4 から図 6.4 (次ページ)へと少し変えてみる(リーホモロジーの定義に入る)．

この少し変えた"演算"を見やすくするために，ここで補助説明をしておく．

---

13) それでは違いは何かというと，(ここでは主に)計算中にトーションと言われるものが出てくるかこないか，という違いである．

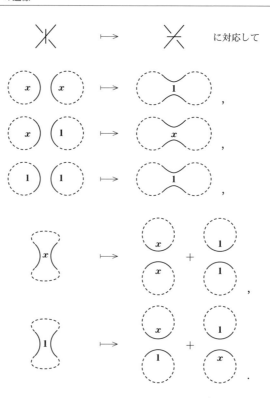

図 6.4 リーホモロジーの境界作用素

円周 1 つを
$$V = \langle \{\boldsymbol{x}, \boldsymbol{1}\} \rangle$$
なる 2 次元ベクトル空間だとみなそう．さらに細分化されたステイト S に対しては，S に含まれる円周の個数を $|S|$ とすれば $|S|$ 個のベクトル空間のテンソル積 $V^{\otimes |S|}$ とみなされる[14]．すると上記の "演算" は次のように書き表される．

$$m(\boldsymbol{x} \otimes \boldsymbol{x}) = \boldsymbol{1},$$
$$m(\boldsymbol{x} \otimes \boldsymbol{1}) = m(\boldsymbol{1} \otimes \boldsymbol{x}) = \boldsymbol{x},$$
$$m(\boldsymbol{1} \otimes \boldsymbol{1}) = \boldsymbol{1},$$
$$\Delta(\boldsymbol{x}) = \boldsymbol{x} \otimes \boldsymbol{x} + \boldsymbol{1} \otimes \boldsymbol{1},$$
$$\Delta(\boldsymbol{1}) = \boldsymbol{x} \otimes \boldsymbol{1} + \boldsymbol{1} \otimes \boldsymbol{x}.$$

これらを使って次が得られる．

(1) $m((\boldsymbol{x}+\boldsymbol{1})\otimes(\boldsymbol{x}+\boldsymbol{1})) = 2(\boldsymbol{x}+\boldsymbol{1})$,
(2) $m((\boldsymbol{x}-\boldsymbol{1})\otimes(\boldsymbol{x}-\boldsymbol{1})) = -2(\boldsymbol{x}-\boldsymbol{1})$,
(3) $m((\boldsymbol{x}+\boldsymbol{1})\otimes(\boldsymbol{x}-\boldsymbol{1})) = m((\boldsymbol{x}-\boldsymbol{1})\otimes(\boldsymbol{x}+\boldsymbol{1})) = 0$,
(4) $\Delta(\boldsymbol{x}+\boldsymbol{1}) = (\boldsymbol{x}+\boldsymbol{1})\otimes(\boldsymbol{x}+\boldsymbol{1})$,
(5) $\Delta(\boldsymbol{x}-\boldsymbol{1}) = (\boldsymbol{x}-\boldsymbol{1})\otimes(\boldsymbol{x}-\boldsymbol{1})$.

以上の補助説明の意味を汲んで見つめ直すと，ホバノフホモロジーの境界作用素を少し変えた写像は，次のように整理される．

(1) 2つの $(\boldsymbol{x}+\boldsymbol{1})$ のラベル(円周)が結合すると1つの $2(\boldsymbol{x}+\boldsymbol{1})$ というラベル(円周)となる．
(2) 2つの $(\boldsymbol{x}-\boldsymbol{1})$ のラベル(円周)が結合すると1つの $-2(\boldsymbol{x}-\boldsymbol{1})$ というラベル(円周)となる．
(3) 異なるラベルをもつ2つの円周，$(\boldsymbol{x}+\boldsymbol{1})$ と $(\boldsymbol{x}-\boldsymbol{1})$ のラベル(円周)が結合すると，それは消えて0となる．
(4) 1つの $(\boldsymbol{x}+\boldsymbol{1})$ のラベル(円周)が分裂すると2つの $(\boldsymbol{x}+\boldsymbol{1})$ というラベル(円周)となる．
(5) 1つの $(\boldsymbol{x}-\boldsymbol{1})$ のラベル(円周)が分裂すると2つの $(\boldsymbol{x}-\boldsymbol{1})$ というラベル(円周)となる．

見やすくするならば，$\boldsymbol{a}=\boldsymbol{x}+\boldsymbol{1}$ として，$\boldsymbol{b}=\boldsymbol{x}-\boldsymbol{1}$ とおくと，感じがつかめるだろう．この「置き換え」をして，上記の演算を眺めてみよう(図6.5，次ページ)．

さて，この「置き換え」に関して，コメントを付しておく．境界作用素を考えるときにホバノフホモロジーでは(ジョーンズ多項式の情報をすべて保持するため)j は動かないようにしていた．しかし，リーホモロジーの境界作用素では j は動かないか，もしくは上がるということである．以下，断りなしに S と書いたら，ホバノフホモロジーを考えたときの，チェイン群 $C^{i,j}$ たちの生成元である細分化されたステイトだと思ってほしい．

では「置き換え」を書き下し，結び目 K の結び目図式 D_K から得られるこのホモロジー群について考えてみよう．

---

14) 数学研究者は「みなされる」という言い方に不安感がよぎるかもしれないが，補助的な説明なのでとりあえず「信じて」読んでほしい．また，このテンソル積による表記はホバノフホモロジーの研究者の間で伝統的に用いられているものである．

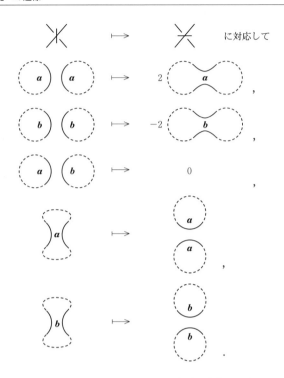

図 6.5 リーホモロジーの境界作用素(変数変換した後)

(1) 2つの **a** のラベル(円周)が結合すると1つの 2**a** というラベル(円周)となる.

(2) 2つの **b** のラベル(円周)が結合すると1つの -2**b** というラベル(円周)となる.

(3) 異なるラベルをもつ2つの円周, **a** と **b** のラベル(円周)が結合すると, それは消えて0となる.

(4) 1つの **a** のラベル(円周)が分裂すると2つの **a** というラベル(円周)となる.

(5) 1つの **b** のラベル(円周)が分裂すると2つの **b** というラベル(円周)となる.

言葉を準備しておこう. 2つのベクトル空間 V, W に対して $V \cap W = \{0\}$ とする. このとき V と W の直和を $\{v+w | v \in V, w \in W\}$ がなすベクトル

空間と定義する．ホバノフホモロジーのチェイン群 $C^{i,j}(D_K)$ に対して

$$C^i(D_K) := \bigoplus_j C^{i,j}(D_K)$$

とする．このときホバノフホモロジーの境界作用素 d^i を上記のように変更して，$C^i(D_K)$ を定義域として定義される線型写像 d_{Lee}^i は，$d_{\text{Lee}}^{i+1} \circ d_{\text{Lee}}^i = 0$ を満たし，チェイン複体 $\{C^i(D_K), d_{\text{Lee}}^i\}_{i \in \mathbb{Z}}$ をなす．

以下，このホモロジーを H_{Lee}^i と表記する[15]．ここで量子次数 j が表向き失われるが，ホモロジカル次数 i は残っていて，依然，ホモロジーを導くことに注意してほしい．また，このように変更しても依然得られるホモロジーが結び目不変量であることはリーの論文[15]で示されている．したがって，結び目 K についてはリーホモロジーは D_K から計算されるのであるが，$H_{\text{Lee}}^i(K)$ と表記することを許すことにする．それでは，ミルナー予想を解いていくための補題[16]を準備していこう．以下，$H_{\text{Lee}}(K) := \bigoplus_i H_{\text{Lee}}^i(K)$ とする．

次が成り立つ．

補題 6.8 (リー [15], 2002)

K を向き付き結び目とする．
$\dim H_{\text{Lee}}(K) = 2$.

証明

与えられた向き付き結び目 K の結び目図式 D_K において，交点の上下の情報を無視した結び目の影を考える．今，交点から向きに沿って D_K をたどっていき，初めて交点にたどり着くまでを**アーク**と呼ぶことにする．ここで $C(D_K)$ を

$$C(D_K) := \bigoplus_{i,j} C^{i,j}(D_K)$$

として定義する．$C(D_K)$ の生成元をなす各 S を考慮するときに交点の平滑化を考え，各交点の周りのアークを観察すると次の3タイプしか起こらないことに気づく（さらに，この3タイプは(i), (ii)の2つに分類される）．

---

15) ホモロジー"群"は $H_{\text{Lee}}^i(D_K)$ と書く．
16) ここではあくまで目標をミルナー予想に絞っているので「補題」とさせていただいたが，補題 6.8 はリーの「定理」[15]である．

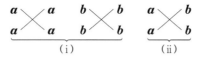

(i)のタイプの交点を1つでも含む S たちから生成される $C(D_K)$ の部分空間を V_0, そして(i)のタイプの交点を1つも含まない S たちから生成される $C(D_K)$ の部分空間を V_1 とする.

ここで, Z_i, B_i の添え字を特に明記せずに考えるとき, Z_*, B_* と書くことを許すことにすると, 次のことがわかる[17]:

- V_0 の元は Z_* に入らないか, もしくは, Z_i に入るときは, B_i にも入っている.
- V_1 の元は Z_* に常に現れるが, B_* に現れない.

よって $\dim\left(\bigoplus_i H^i_{\text{Lee}}(K)\right) = \dim V_1$.

ところで, (ii)のタイプの交点ばかりの $C(D)$ の細分化されたステイトはいくつあるか数え上げてみよう[18]. そのために, 考えている細分化されたステイトの交点がすべて(ii)のパターンであることから, 同じラベルが同じ円周に乗るように交点を平滑化しよう.

次のように, 平面上の円周の向きとラベル a, b とを対応付ける. 今, $\mathbb{R}^2 \setminus S$ のうち, 平面の非有界領域を $R(\infty)$ とする. ラベル a がついた円周を円周 a, ラベル b がついた円周を円周 b と記述することにする. また, ある結び目図式の交点が存在して, そこで平滑化して2つの円周ができるとき, その2つの円周は「交点を共有する」ということにする.

- (Step 1) ある円周から出発して $R(\infty)$ に至るまで乗り越えなくてはいけない円周の最小個数(出発の円周は数えない)を数える. これは $R(\infty)$ から何番目かを数えるものである.
- (Step 2) $R(\infty)$ から0番目の円周たちが交点を共有している場合は必ずラベルは異なる. 円周 a を反時計周り, 円周 b を時計回りに向きをつける.
- (Step 3) 次に $R(\infty)$ から1番目の円周たちを考える. これ

らの円周同士で交点を共有するものもまた，必ずラベルは異なる．さらに，これらの円周のうちで，0番目の円周と交点を共有するもの同士も互いに必ずラベルが異なるはずである．したがって，先ほどと向きの役割を入れ替えて，円周 b を反時計周り，円周 a を時計回りに向きをつける．

- (Step 4) 以下，同様である：$R(\infty)$ から $2k$ 番目の円周たちを考える．これらの円周同士で交点を共有するものもまた，必ずラベルは異なる．このとき，円周 a を反時計周り，円周 b を時計回りに向きをつける．$R(\infty)$ から $2k-1$ 番目の円周たちも考える．これらの円周同士で交点を共有するものもまた，必ずラベルは異なる．円周 b を反時計周り，円周 a を時計回りに向きをつける．

以上のステップは，向き付きの円周からなる細分化されたステイト S を決めている．言い換えると，次の写像を決めている（例：次ページ，図6.6）．

$\{V_1$ の基底をなす細分化されたステイトたち$\}$
$\longrightarrow \{$向き付きの円周からなる細分化されたステイトたち$\}$

この写像は上記写像の定義から単射となっていることもわかる．

ここでザイフェルトの平滑化を定義しておこう．

定義6.9（ザイフェルトの平滑化）

結び目図式の向きに沿って平滑化することを**ザイフェルトの平滑化**と呼ぶ（図6.7）．

(ii)のタイプの交点ばかりをもつ細分化されたステイト S は結び目図式についてすべての交点をザイフェルトの平滑化をして与えられるものである．なぜならば，(Step 1)-(Step 4)において，「$R(\infty)$ から n 番目の円周たちを考える．これらの円周同士で交点を共有するものもま

---

17) （上級者向け）a, b ラベルの配置を固定したステイト全体からなる集合はリーホモロジーの部分複体をなす．ホバノフホモロジーはもともと良い短完全列を持っている[7, 341ページ]．(i)のタイプの交点におけるホモロジー完全列を考えると連結準同型が同型を導き，それらのホモロジー群はすべて0となる．

18) 思い出せる人は第4章におけるジョーンズ多項式を導く行列がステイトの円周に向きをつけることで導かれたことを思い出そう．そのとき「向き」で表示していたのは2次元ベクトル空間の基底の種類であった．ここではそれと似たテクニックを使っている．結び目図式に付随するベクトル空間の基底を表示するときの一つのテクニックとなっている．

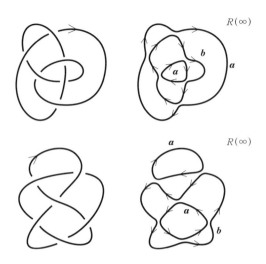

図 6.6 例：(Step 1)–(Step 4) でなされる，ラベル a, b と向きの対応

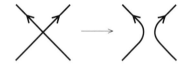

図 6.7 ザイフェルトの平滑化

た，必ずラベルは異なる」という条件をいつも満たしているからである．また，ザイフェルトの平滑化によって与えられる細分化されたステイト S を，結び目図式 D_K の向き o に対して s_o と表す．D_K とは反対に向きをいれたときの結び目図式の向き $\bar{o}$ に対しては $s_{\bar{o}}$ と表す．与えられた図式 D から得られた細分化されたステイトであることを明示したいときは，$s_o(D), s_{\bar{o}}(D)$ と書く．

上記(Step 1)–(Step 4)で得られる V_1 の生成元は，$s_o(D)$ か $s_{\bar{o}}(D)$ に対応する．若干しつこいが繰り返しておく．今，考察したのは，(6.1)の矢印(単射写像)である．

$$\{V_1 \text{ の基底をなす細分化されたステイトたち}\} \xrightarrow{\text{単射}} \{s_o(D), s_{\bar{o}}(D)\} \tag{6.1}$$

よって(6.1)の矢印(単射写像)は全射であることもわかり，2つの集合

は等しいことが判明した．

以上から K の D_K を一つ決めたときに決まる V_1 を $V_1(D_K)$ と記載すると[19]，
$$H_{\text{Lee}}(K) = H_{\text{Lee}}(D_K) = V_1 = \langle\{s_o(D_K), s_{\bar{o}}(D_K)\}\rangle. \quad (6.2)$$
よって
$$\dim H_{\text{Lee}}(K) = \dim V_1 = \dim\langle\{s_o, s_{\bar{o}}\}\rangle = \dim(\langle\{s_o\}\rangle \oplus \langle\{s_{\bar{o}}\}\rangle)$$
$$= 2. \qquad \square$$

以上から結び目 K に対しては勝手な結び目図式 D_K をとって，そのザイフェルトの平滑化で得られる細分化されたステイト $s_o(D_K), s_{\bar{o}}(D_K)$ のみを調べればよい．ホバノフホモロジーの手計算と比較して，これは劇的に簡単な計算であることに読者は注意されたい．なお，この $s_o(D_K), s_{\bar{o}}(D_K)$ はリーホモロジーの「自然な生成元」**カノニカルジェネレーター**(canonical generator)と呼ばれる[20]．

ラベル ***a***, ***b*** と向きの対応が(Step 1)–(Step 4)でなされた(例は図 6.6)．この対応に注意して次からの m, Δ を定義していく．

定義 6.10

任意の細分化されたステイトに対し，2つの同じラベルの円周が隣り合ったときに，交点のない局所円盤内で結合して1つにした細分化されたステイトを対応させる線型写像
$$m : C^i(D_K) \longrightarrow C^i(D_K)$$
を図 6.8(次ページ)の上2式のように定義する．

図 6.8 の下2式は，円周に向きをつけた表示のときに得られる対応の様子である(符号は $R(\infty)$ から何番目の円周かによって決まる)．これを s_o または $s_{\bar{o}}$ における m に対応する**フュージョン**という．

また，任意の細分化されたステイトに対し，1つの円周を局所円盤内で分裂させて2つの円周にした細分化されたステイトを対応させる線型写像 Δ を図 6.9(次ページ)の上2式のように定義する．

図 6.9 の下2式は，円周に向きをつけた表示のときに得られる対応

---

[19] 一つ目はリーホモロジーが結び目不変量だという帰結からなる等式である(補題 6.8 の少し前を参照)．
[20] 「canonical」を「カノニカル」とすることについて相談に乗ってくださった奈良女子大学の小林毅教授に感謝します．筆者は数学における「canonical」，「natural」，「自然」というそれぞれの言い方に関して学んだ次第である．

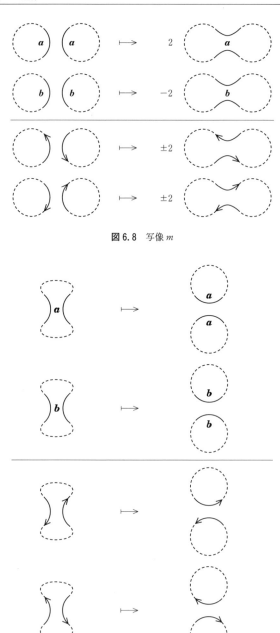

図 6.8　写像 m

図 6.9　写像 Δ

の様子である．これも s_0 または $s_{\bar{0}}$ における Δ に対応する**フュージョン**という．m と Δ を合わせて，s_0 または $s_{\bar{0}}$ における**フュージョン**という．

読者もお気づきだと思うが，これは，リーホモロジーの境界作用素 d_{Lee} の定義を真似てつくっている．つくり方から，次の2式は地道に場合分けするとチェックできる．
$$d_{\text{Lee}} \circ m = m \circ d_{\text{Lee}}, \quad d_{\text{Lee}} \circ \Delta = \Delta \circ d_{\text{Lee}}.$$

ここで，これらよりももっと単純なチェイン写像を考えておく．$C(D)$ の生成元の一つである細分化されたステイト S が交点と関係しない円周を持つときに定義される ε を定義する．まず写像 ε' を

$\boldsymbol{x} \mapsto 1 \in \mathbb{Q}$,

$\boldsymbol{1} \mapsto 0 \in \mathbb{Q}$

と考える．すると ε' は

$\boldsymbol{a} = \boldsymbol{x} + \boldsymbol{1} \mapsto 1 \in \mathbb{Q}$,

$\boldsymbol{b} = \boldsymbol{x} - \boldsymbol{1} \mapsto 1 \in \mathbb{Q}$

を定める写像に拡張される．これをさらに拡張して細分化されたステイト円周1つを単に消す(**消滅**と呼ばれる)線型写像
$$\varepsilon : C^i(D \sqcup \bigcirc) \longrightarrow C^i(D)$$
が以下のように定義できる(ただし □ は細分化されたステイトの ○ に対応する箇所以外の部分)：

$$S = \square \boldsymbol{a} \mapsto \square = S'$$
$$S = \square \boldsymbol{b} \mapsto \square = S' \tag{6.3}$$

行き先の S' は S から ε' に対応するラベル($\boldsymbol{x}$ または $\boldsymbol{1}$)付き円周 ○ を取り除いていることに注意してほしい．

また，細分化されたステイト S に対して，交点と関係しない円周を加えた細分化されたステイト S' を対応させる(**生成**と呼ばれる)線型写像
$$\iota : C^i(D) \longrightarrow C^i(D \sqcup \bigcirc)$$
が同様に定義される(下記の式は $1 \in \mathbb{Q}$ を $\boldsymbol{1}$ に対応させるということに注意してほしい)．

$$S = \square \mapsto \frac{1}{2}(\square\boldsymbol{a} - \square\boldsymbol{b}) = S' \tag{6.4}$$

読者は ε, ι がチェイン写像となること(d_{Lee} を適用する順番を交換できること)は簡単に証明できる[21].

ところで，いったんは捨てていた**量子次数 j は，むげむげと捨てていたわけではない**．これについて考える．コラムでも本文でも指摘したが，$\bigoplus_i H^i_{\text{Lee}}(K)$ は依然として結び目 K の不変量である．このしかもホモロガスによる同値類の代表元は $s_o(D_K), s_{\bar{o}}(D_K)$ である．以下簡単のため $s_o(D_K), s_{\bar{o}}(D_K)$ を単に $s_o, s_{\bar{o}}$ と書くことにする．ここから捨てていた量子次数 j を活かしていく．今，0 ではない $v \in C(D)$ を勝手に取る．v は細分化されたステイトの線型和で表示される．すなわち，この v に対しては，ある自然数 l とある有理数たち $\lambda_i \neq 0 \,(1 \leq i \leq l)$ があり，勝手に順番を与えて，$v = \lambda_1 v_1 + \lambda_2 v_2 + \cdots + \lambda_l v_l$ と書ける．このとき，

$$j(v) := \min\{j(v_i) \mid 1 \leq i \leq l\}$$

と定義する．この次数 $j(v)$ をリーホモロジーのチェイン複体に対して**複体のフィルター次数**と呼ぶことにする．

リーホモロジーのチェイン複体が生むフィルトレーション

少し上級者向けにコメントしておく．上記の $j(v)$ の定義は言い換えると，リーホモロジーにおけるチェイン複体のフィルトレーションの次数(**フィルター次数**と呼ばれる次数)にほかならないことがわかるので，学習が進んだら，こちらで考えたほうがより広い視点をもって理解を深められる．すなわち，$F^k C(D) = \{v \in C(D) \mid j(v) \leq k\}$ とすると，

$$\cdots \subset F^{k+1}C(D) \subset F^k C(D) \subset F^{k-1}C(D) \subset \cdots$$

となる．この空間 $F^k C(D)$ のフィルター次数 k を決めるものが，量子次数から決まるフィルター次数 $j(v)$ たちである．

次がミルナー予想のために準備する2つ目の補題である(1つ目は補題 6.8).

補題 6.11

$$|j(s_o + s_{\bar{o}}) - j(s_o - s_{\bar{o}})| = 2.$$

証明

以下，$s_o, s_{\bar{o}}$ は各円周の向きを持つので対応するラベルの情報も持っているとする．また，$s_o, s_{\bar{o}}$ は，一方の円周のラベルが a のとき，他方の対応する円周のラベルは b であることに注意する．$s_o, s_{\bar{o}}$ のラベル（あるいは向き）を忘れた，ステイト内の円周の個数を今までは $|s|$ と表記することにしていたが，ここでは形式的に $m+n$ とする．また，これまた形式的に 2 変数 $x, 1$ からなる多項式 $(x+1)^m(x-1)^n$ を考えることによって[22]，$s_o+s_{\bar{o}}$ や $s_o-s_{\bar{o}}$ にいくつ $x, 1$ が入っているかを調べることにする．ここで，$(x+1)^m(x-1)^n$ の意味は m 個の a，n 個の b を細分化されたステイトの円周たちに対応させており，τ をカウントするためのものである．また，量子次数 j の最低次数（= フィルター次数）をみるためには，x が最も含まれている項を突き止めればよい．

二項展開

$$(x+1)^m = x^m + mx^{m-1}\mathbf{1} + \sum_{k=2}^{m} {}_mC_k x^{m-k}\mathbf{1}^k,$$

$$(x-1)^m = x^m - mx^{m-1}\mathbf{1} + \sum_{k=2}^{m} {}_mC_k x^{m-k}(-1)^k.$$

よって，向きを o に適切に選べば s_o に対応するのは，

$$(x+1)^m(x-1)^n = x^{m+n} + (m-n)x^{m+n-1}\mathbf{1} + \cdots$$

また，$s_{\bar{o}}$ については m と n を入れ替えることにより

$$(x-1)^m(x+1)^n = x^{m+n} + (n-m)x^{m+n-1}\mathbf{1} + \cdots$$

が得られる．

x の次数は -1 であることを思い出そう．計算から，$\tau(s_o+s_{\bar{o}})$ の最小は $-(m+n)$，$\tau(s_o-s_{\bar{o}})$ の最小は $-(m+n)+2$ となる．

以上から，$j(s_o+s_{\bar{o}})$ と $j(s_o-s_{\bar{o}})$ の差（すなわちチェイン複体のフィルター次数の差）が ± 2 であることは証明された． □

ベクトル空間 $C(D_K)$ の元 v のホモロガスによる同値類を $[v]$ で表示する（ホモロガスという言葉は第 2 章を参照のこと）．このとき，$j([v])$ は，いつも

$$j([v]) \geq j(v)$$

---

21) 知っている人はテンソル積を使うともっと簡単に証明できる．
22) テンソル空間に慣れている人は $\langle\{x, 1\}\rangle^{\otimes|s|}$ を直接考えて計算すると，もっと簡潔に記述できる．

が保証されるように
$$j([v]) = \max\{j(w)|(v \text{ と } w \text{ はホモロガス})\}$$
と定義する．この次数 $j([v])$ をリーホモロジーに対して**ホモロジーのフィルター次数**と呼ぶことにする．

d_{Lee} が mod 4 で量子次数 j を動かさない，すなわち，$j(d_{\text{Lee}}(S)) \equiv j(S)$ $(\mod 4)$ であるため，補題 6.11 から次が得られる．

補題 6.12
$$|j([s_o + s_{\bar{o}}]) - j([s_o - s_{\bar{o}}])| \equiv 2 \pmod{4}$$

ここからホモロジーというものを扱うための議論が少しレベルアップするので，議論をコツコツと進めなくてはいけなくなる．読者によっては長くけだるく感じられる人もいることだろう．そこで前振りのために次の小難しいコラムを置いて[23]，地道な議論に入ることにする．今読者は，対象が次数付きベクトル空間，射を線型写像からなる圏を扱っている．これまでは対象1つを計算する立場で進んでいたのだが，ここからは複数の対象を一度に扱ったり，その射を扱っていかなくてはいけなくなる．同時に，より豊富な情報を扱うのでここからがさらに議論は面白くなっていく．

リーホモロジーのホモロジー群のフィルトレーション

$$\cdots \subset F^{k+1}C(D) \subset F^k C(D) \subset F^{k-1}C(D) \subset \cdots \subset C(D).$$

d_{Lee} の定義を思い出してほしい．これは次数 j を保つか，4 上がるかのいずれかであった．よって，各ホモロジー群に対し，ある k が存在して空間 $F^k C(D)$ の中だけでホモロジー群が決まる．包含写像

$$\iota : F^k C(D) \longrightarrow C(D)$$

はチェイン写像であるので，$H_{\text{Lee}}(\iota)$ を誘導する．これにより，

$$F^k H_{\text{Lee}}(D) := H_{\text{Lee}}(\iota)(H_{\text{Lee}}(F^k C(D), d|_{F^k C(D)}))$$

と定義すると次が得られる．

$$\cdots \subset F^{k+1}H_{\text{Lee}}(D) \subset F^k H_{\text{Lee}}(D) \subset F^{k-1}H_{\text{Lee}}(D) \subset \cdots \subset H_{\text{Lee}}(D)$$

$v \in H_{\text{Lee}}(K)$ に対するフィルター次数 $j([v])$ は，このフィルトレーションを決めるときに（[0] であるものをたくさん足して次数

> が下がってしまうような定義ではいけないので）ホモロジー同値類の中で最高次数をとるのである．このホモロジーを取った後に定義されるフィルター次数も量子次数から計算できることに注意されたい．

ホモロジー函手 H_{Lee} は，対象 $C(D_K)$ を $H_{\text{Lee}}(K)$ に移し，射であるチェイン写像 φ を $H_{\text{Lee}}(\varphi)$ に移している．ここで，チェイン写像として，既出の4種類の写像 m（フュージョン），Δ（フュージョン），ε（消滅），ι（生成）を考える．m と Δ は，図6.4を見るとフィルター次数を1下げることがわかる．すなわち，

$$m: F^k C(D) \longrightarrow F^{k-1} C(D), \quad \Delta: F^k C(D) \longrightarrow F^{k-1} C(D)$$

ということになる．

ホモロジー函手により，$H_{\text{Lee}}(m), H_{\text{Lee}}(\Delta)$ を考えた場合はどうだろうか？ミルナー予想を解き明かすために，ここが最重要といっても過言ではないポイントである．そのため，いよいよ今，目の前で扱っているものを，もっと俯瞰的な立場で眺めるためにフィルター付けされたベクトル空間と次数について定義を与えておく．

定義 6.13

> m, n を整数とする．**フィルター付けされたベクトル空間** V とは，ベクトル空間 V に，**フィルトレーション**と呼ばれる次の包含による列
> $$\{0\} = V_m \subset V_{m-1} \subset \cdots \subset V_{n-1} \subset V_n = V$$
> が与えられているものである．$V_k \backslash V_{k+1}$ なるベクトル $v \in V_k$ は次数 k を持つという．フィルター付けされたベクトル空間 V, W に対して次数 k の（フィルター付けされた）線型写像 $f: V \to W$ とは，どの i でも $f(V_i) \subset W_{i+k}$ となっているもののことである．

フィルター付けされたベクトル空間の具体例としては $\max\{j(v) | v \in C(D)\}$ を n，$\min\{j(v) | v \in C(D)\}$ を l とするならば，$F^k C(D) = \{v \in C(D)$

---

23) コラムの内容がよくわからない人は，本文においてコツコツ議論を積み上げるので，次のコラムは飛ばして構わない．先がある程度見えてしまっていて話の方向が気になる上級者向けに，この部分の雰囲気を示唆するコラムである．ちなみに数学系の学生さんにコメントすると，道具立てを見るとおおよその証明のストーリーを見抜いてしまうような，筆者が驚かされる数学上級者たちが数学の世界では結構多いので話をするときには気をつけてほしい．ただし，そういう上級者からは非常に多くのことが学べる．学生さんはなるべく早い段階でそういう人に出会ってほしい．

$|j(v) \geq k\}$ において

$$\{0\} = F^n C(D) \subset \cdots \subset F^k C(D) \subset \cdots \subset F^l C(D) = C(D)$$

というものである。

さて，定義 6.13 の意味で線型写像に対し次数というものが定義された．では，チェイン写像 f から誘導される写像 $H(f)$ に対して次数はどのように定義されるものなのか，見てみよう．

定義 6.14

与えられたチェイン複体 $C = \{C_i, \partial_i\}_{i\in\mathbb{Z}}$ に対して，ホモロジー群をすべて直和したもの $\bigoplus_{i\in\mathbb{Z}} H_i(C)$ を $H(C)$ と書くことにする．C からフィルター付けされたベクトル空間

$$\{0\} = F^n C \subset \cdots \subset F^k C \subset \cdots \subset F^l C = C(D)$$

が与えられたときに，

$$[v] \in F^k H(C) \iff v \in F^k C$$

と定義すると，

$$\{0\} = F^n H(C) \subset \cdots \subset F^k H(C) \subset \cdots \subset F^l H(C) = H(C)$$

が定まる[24]．

補題 6.15

$H_{\text{Lee}}(m), H_{\text{Lee}}(\Delta)$ は次数 -1 の線型写像であり，次数 0 以上にはならない．

証明

f を m または Δ とする．f が次数 -1 の線型写像であることを踏まえよう．定義 6.14 から

$$[v] \in F^k H_{\text{Lee}}(C(D)) \iff v \in F^k C(D).$$

よって少なくとも $j([f(v)]) \geq j(f(v)) \geq k-1$ はいえる．チェイン写像

$$f : F^k C(D) \longrightarrow F^{k-1} C(D)$$

の誘導写像は，

$$H_{\text{Lee}}(f) : F^k H_{\text{Lee}}(C) \longrightarrow F^{k-1} H_{\text{Lee}}(C)$$

である．これは次数 -1 の線型写像である．

後半を示す．フュージョンは，ある円周が同じラベルの2つの円周へ，あるいはその反対方向の対応であることから，次数を1下げる元（フュージョン前後の最低次数を導くラベルたち）は打ち消し合わずに必ず残る．ここで対応するステイトの一方が消えていないことの保証は，双方でカノニカルジェネレーターが存在しそれらが双方に対応するからである．以上より，$H(f)$（$f = m$ または Δ）の次数は 0 以上にはならない． □

同様に $H_{\text{Lee}}(\varepsilon), H_{\text{Lee}}(\iota)$ についても次数が決まる．

補題 6.16

$H_{\text{Lee}}(\varepsilon), H_{\text{Lee}}(\iota)$ は次数 1 の線型写像であり，次数 2 以上にはならない．

証明

- $\varepsilon : \boldsymbol{x}$ を $1 \in \mathbb{Q}$，$\boldsymbol{1}$ を $0 \in \mathbb{Q}$ にもっていくということで，$H(\varepsilon)$ の次数は少なくとも 1 である．
- $\iota : 1 \in \mathbb{Q}$ を $\boldsymbol{1}$ にもっていくので，$H(\iota)$ の次数は少なくとも 1 である．

ここで，ホモロガスによる同値関係で割ったときに，$H_{\text{Lee}}(\varepsilon)$ または $H_{\text{Lee}}(\iota)$ は非自明な元を非自明な元に送ることに注意すると，次数 1 で送られる元は残るので，ホモロジーのフィルター次数は 2 以上にならない． □

補題 6.15 により，補題 6.12 を次のように精密化できる[25]．

補題 6.17

$$|j([s_o + s_{\bar{o}}]) - j([s_o - s_{\bar{o}}])| = 2.$$

---

24) 厳密なフィルターの取り方は直前のコラムを確認のこと．また読者は次の定義と矛盾しないことをチェックしてほしい：「$j([v])$ は，いつも $j([v]) \geqq j(v)$ が保証されるように $j([v]) = \max\{j(w) | v \text{ と } w \text{ はホモロガス}\}$ と定義する」．$H_{\text{Lee}}(D)$ においてはこの $j([v])$ を**フィルター次数**と呼んでいる．
25) （上級者向け）ミルナー予想を解くだけならば，結び目についての量子次数は知られているので補題 6.17 までを経由する必要はない．実際に 2010 年のラスムッセン[16]の段階では補題 6.12 までしか使っていない．ただし，ラスムッセン以降，補題 6.17 がラスムッセンの方法を結び目の議論から絡み目の議論へと一般化させた重要な補題であるため（今後の読者の活躍を祈りつつ）記述する．

証明

s_o または $s_{\bar{o}}$ の円周を一つ選ぶ．この円周に対し，交点と関係のない十分小さい円盤をとり，そこで $m \circ \Delta$ を適用すると，そのラベルは

$$1\text{つの } \boldsymbol{a} \longrightarrow 2\text{つの } \boldsymbol{a} \longrightarrow 1\text{つの } 2\boldsymbol{a}$$

または

$$1\text{つの } \boldsymbol{b} \longrightarrow 2\text{つの } \boldsymbol{b} \longrightarrow 1\text{つの } -2\boldsymbol{b}$$

となり，定数倍を除いて元の s_o に戻る．このことを丁寧に見ると，定数倍を除いて

$$s_o + s_{\bar{o}} \longrightarrow s_o - s_{\bar{o}}$$

または

$$s_o - s_{\bar{o}} \longrightarrow s_o + s_{\bar{o}}$$

となることを表している．

ところでホモロジー函手の定義から $H(m \circ \Delta) = H(m) \circ H(\Delta)$ である．補題 6.15 により，$H(m) \circ H(\Delta)$ によるフィルター次数は -2 であり，-1 以上にはならない．よって，少なくとも次数が下がる方向には 3 以上ずれない．

以上をまとめると，$s_o - s_{\bar{o}}$ と $s_o + s_{\bar{o}}$ を交換する具体的な写像 $m \circ \Delta$ は次数が下がる方向を記述しており，かつ，ホモロジー函手性から $H(m) \circ H(\Delta)$ を一意的に定め，これは次数 -2 であり，-1 以上にはならない．よって，

$$|j([s_o + s_{\bar{o}}]) - j([s_o - s_{\bar{o}}])| \leq 2.$$

補題 6.12 より，

$$2 \leq |j([s_o + s_{\bar{o}}]) - j([s_o - s_{\bar{o}}])|. \qquad \square$$

以上から，補題 6.18 を得る．

補題 6.18

$$H_{\text{Lee}}(K) \simeq \langle \{s_o, s_{\bar{o}}\} \rangle = \langle \{s_o + s_{\bar{o}}\} \rangle \oplus \langle \{s_o - s_{\bar{o}}\} \rangle.$$

定義 6.19

K を向き付き結び目とし，ホバノフホモロジーのチェイン群の直和 $C(D_K) = \bigoplus_{i,j} C^{i,j}(D_K)$ の生成元である細分化されたステイト S に対し

て

$$j(S) = \frac{1}{2}(3w(D_K) - \sigma(S) + 2\tau(S))$$

であった[26]. ただし，$\sigma(S), \tau(S)$ の定義は第5章で定義されているものである．K の不変量となるペア $([s_o+s_{\bar{o}}], [s_o-s_{\bar{o}}])$ により，整数値不変量

$$s(K) = \frac{j([s_o+s_{\bar{o}}]) + j([s_o-s_{\bar{o}}])}{2}$$

が定まり，これをラスムッセン不変量と呼ぶ．

ラスムッセン不変量は次を満たすことが知られている．

補題 6.20

K^* を K の鏡像とする．
$s(K^*) = -s(K).$

詳細は[16], [19]をご覧いただきたい．

また，補題 6.17 から，

$s_{\max}(K) = \max\{j([s_o+s_{\bar{o}}]), j([s_o-s_{\bar{o}}])\},$
$s_{\min}(K) = \min\{j([s_o+s_{\bar{o}}]), j([s_o-s_{\bar{o}}])\}$

とすると，$s_{\min}(K) + 2 = s_{\max}(K)$ であることから，補題 6.21 が導かれる．

補題 6.21

$$s(K) = s_{\min}(K) + 1 = s_{\max}(K) - 1.$$

ここまで，結び目図式の話に終始してきた．ここから，いよいよ2次元の曲面について考える．そもそもホバノフホモロジーは(結び目という文脈である程度制限はあるものの)2次元多様体から1次元多様体への何らかの函手性を見出し，一つ上の次元から調べたい次元をみるという，アプローチの一例を提示した．まだまだ解明されるべき3次元と4次元にこのような協奏曲が流れるのは近い将来で，読者もそれに関わるかもしれない．

---

[26] $j(S) = w(D_K) + i(S) + \tau(S)$ に $i(S)$ の定義を代入したものである．

定義 6.22

$\mathbb{R}^3$ において互いに交わらない有限個の結び目の和集合を**絡み目**と呼ぶ[27]．また，結び目の上で，1 点を選んだものを**基点付き結び目**と呼ぶことにし，選ばれた点を**基点**と呼ぶ．このとき，$\mathbb{R}^3$ において互いに交わらない有限個の基点付き結び目の和集合を**基点付き絡み目**と呼ぶ．

以下，本節が終わるまで結び目，絡み目と名前がつくものはすべて向きが入っているものとする．

定義 6.23（絡み目コボルディズム）

L_0, L_1 を 2 つの基点付き絡み目とする．L_0 から L_1 の**コボルディズム**とは，滑らかでコンパクトであり以下で定義される向きで向き付けられた，プロパーに $\mathbb{R}^3 \times [0,1]$ へ埋め込まれた曲面 Σ であり，
$$\Sigma \cap (\mathbb{R}^3 \times \{i\}) = L_i \quad (i = 0, 1)$$
を満たすものとする．ここでプロパーに埋め込まれているとは，$\partial \Sigma = \mathbb{R}^3 \times \{0,1\} \cap \Sigma$ となっていることである．また，向き付き絡み目 L の向きを反対にしたものを $\overline{L}$ と書くことにし，L_0 から L_1 へのコボルディズムの向き o_Σ は $\partial \Sigma = \overline{L_0} \cup L_1$ となるように入れることにする．

定義 6.24

L_0 から L_1 へのコボルディズム Σ が与えられたとき，L_0 の向きと L_1 の向きが同調するとは，ある Σ の向き o_Σ が存在して，$\partial \Sigma = \overline{L_0} \cup L_1$ を満たすときをいう．上記で定義されるコボルディズムを**絡み目コボルディズム**と呼ぶ．

基点付き結び目を対象とし，射を基点付き結び目 K_0 から基点付き結び目 K_1 へのコボルディズム Σ とする．これは圏をなす．基点を決めていることにより，$\Sigma_1 \circ \Sigma_2$ という合成が決まる[28]．この合成に関して，
$$(\Sigma_1 \circ \Sigma_2) \circ \Sigma_3 = \Sigma_1 \circ (\Sigma_2 \circ \Sigma_3)$$
が成り立つ．向き付き結び目 K を $[0,1]$ でずっと動かさない Σ_K も存在する．

> **コボルディズムの圏とホバノフホモロジーを楽しむ**
>
> 基点付き結び目 K に対して(基点という情報を無視することで)ホバノフホモロジー $H^{i,j}(K)$ が決まる.実は,K_0 から K_1 へのコボルディズム Σ に対して誘導写像
>
> $$H(\Sigma): H^{i,j}(K_0) \longrightarrow H^{i,j+\chi(\Sigma)}(K_1)$$
>
> が決まることが,この章の議論をつめていくとわかる(ただし,$\chi(\Sigma)$ は Σ のオイラー数).合成 $\Sigma_1 \circ \Sigma_2$ に対しても
>
> $$H(\Sigma_1 \circ \Sigma_2) = H(\Sigma_1) \circ H(\Sigma_2)$$
>
> が成り立つ.また,恒等射のコボルディズム 1_K に対して,恒等線型写像 $H(1_K)$ も定まる.よって,ホバノフホモロジーは,(符号を除いて)基点付き結び目とコボルディズムの圏からベクトル空間と線型写像の圏への共変函手である.

定義 6.13 の直前で「ミルナー予想を解き明かすために,ここが最重要」と述べたが,$H_{\text{Lee}}(m), H_{\text{Lee}}(\Delta), H_{\text{Lee}}(\varepsilon), H_{\text{Lee}}(\iota)$ の振る舞いと次数決めによって,命題 6.25 が示される.事実 6.1, 補題 6.26 を準備してから命題 6.25 の証明に入ることにする.

命題 6.25

Σ を基点付き絡み目 L_0 から基点付き絡み目 L_1 への,閉曲面を含まないコボルディズムとする.L_0 の向き付けを o と記述する.また,L_1 の向き付けのうち,o と同調する向きすべてを勝手に並べ,o_I ($I = 1, 2, 3, \cdots$) と記述する.このとき,コボルディズム Σ に対応する誘導写像 $H_{\text{Lee}}(\Sigma)$ は,0 でない有理数 a_I たちにより,

$$H_{\text{Lee}}(\Sigma)(s_o) = \sum_{o_I : o \text{ と同調}} a_I [s_{o_I}]$$

と表示される.ただし,上記の和は o と同調な o_I すべてを走るものとする.

この証明はコボルディズムとホモロジー函手の両方を使わなくてはいけない.スコット・カーター(J. S. Carter)と齋藤昌彦による事実 6.1 を必要とする.

---

27) 定義から結び目は特に絡み目であることに注意されたい.
28) こうしないと,結び目 3_1 のような対称性の高い結び目に対して合成が一意に定まらない.

事実 6.1（カーター-齋藤 [22]）

任意のコボルディズム Σ に対し，ある自然数 n が存在し，$[0,1]$ を $0 = t_0, t_1, t_2, \cdots, t_n = 1$ に分割すると，各 L_i から L_{i+1} のコボルディズムは，図 6.10 の 1 回のライデマイスター移動 $\mathcal{R}I, \mathcal{R}I', \mathcal{R}II, \mathcal{R}III, \mathcal{R}III'$ の前後間のコボルディズム，0-, 1-, 2-ハンドルのいずれかになる（結び目の向きについてはすべての場合を考えるということにし，図 6.10 では省略している）．

カーター-齋藤の定理で述べられているコボルディズムの分解のうち，0-, 1-, 2-ハンドルというものは，広く知られていて，それぞれ順番にお椀を被せる形，鞍の形，お汁を入れたお椀を置く形からイメージが摑みやすい．しかし，ライデマイスター移動となるとそうもいかない．理解の助けとして図 6.11（次ページ）を置いておく．

次にリーホモロジー群 $H_\text{Lee}(L)$ が第 r ライデマイスター移動（$r = 1, 2, 3$ は図 6.10 のうちの $\mathcal{R}I, \mathcal{R}II, \mathcal{R}III$ に対応するものとする）で変わらないことを保証する（レトラクションとよばれる）チェイン写像 ρ_r が命題 6.25 においても使用されるので紹介しておく．

本書のビロの構成によるリーホモロジーの ρ_r（$r = 1, 2, 3$）は [18] により与えられている[29]．ここでは ρ_r によるカノニカルジェネレーターの移り方をチェックする必要がある．後述するようにオリジナルのラスムッセンの計算

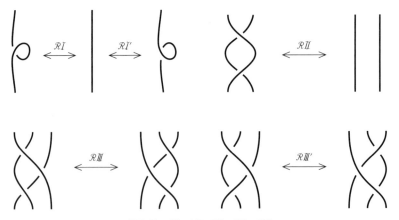

図 6.10 $\mathcal{R}I, \mathcal{R}I', \mathcal{R}II, \mathcal{R}III, \mathcal{R}III'$

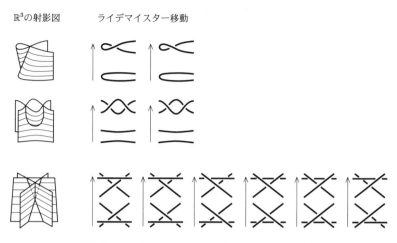

図 6.11 $\mathbb{R}^3$ の射影図と対応するライデマイスター移動たち

$$\text{isom.} \circ \rho_1 : C(\asymp) \longrightarrow C(\asymp);$$

$$\begin{array}{rcl}
x\rangle|\widehat{x}\rangle & \stackrel{\rho_1}{\longmapsto} x\rangle|\widehat{x}-1\rangle|\widehat{1}\rangle & \stackrel{\text{isom.}}{\longmapsto} x\rangle, \\
1\rangle|\widehat{x}\rangle & \stackrel{\rho_1}{\longmapsto} 1\rangle|\widehat{x}-x\rangle|\widehat{1}\rangle & \stackrel{\text{isom.}}{\longmapsto} 1\rangle, \\
x\rangle|\widehat{1}\rangle & \longmapsto 0, & \\
1\rangle|\widehat{1}\rangle & \longmapsto 0, & \\
\asymp & \longmapsto 0. &
\end{array}$$

図 6.12 ρ_1 の定義

は，多少のホモロジー論を必要とするが，ρ_1 (図 6.12) を使うと容易にわかる．例えば定義式(図 6.12)の2行目と3行目を両辺和と差をとると

$$a\rangle|\widehat{x}-a\rangle|\widehat{1}\rangle = a\rangle|\widehat{b}\rangle,$$
$$b\rangle|\widehat{x}+b\rangle|\widehat{1}\rangle = b\rangle|\widehat{a}\rangle.$$

が得られる．再度定義式(図 6.12)を組み合わせると

$$a\rangle|\widehat{b}\rangle \stackrel{\rho_1}{\longmapsto} a\rangle|\widehat{b}\rangle \stackrel{\text{isom.}}{\longmapsto} a,$$
$$b\rangle|\widehat{a}\rangle \stackrel{\rho_1}{\longmapsto} b\rangle|\widehat{a}\rangle \stackrel{\text{isom.}}{\longmapsto} b.$$

よって ρ_1 はカノニカルジェネレーターをカノニカルジェネレーターに移す．

---

29) さらに対応するライデマイスター移動の不変性は ρ_r に対応したチェインホモトピー h_r も [18] により与えられている．なお，[18]では，ホバノフホモロジーとリーホモロジーを含む一般的なものの特別なものとして ρ_r, h_r が得られる．ホバノフホモロジーについては[9]を参照のこと．

同様に $r = 2, 3$ についても ρ_r はカノニカルジェネレーターを定数倍を除いてカノニカルジェネレーターに移すことはわかる（単純計算だが少し長いので省略する）．結果として補題 6.26（オリジナルはラスムッセン）が与えられている．

補題 6.26（ラスムッセン[16]．2010）

第 r ライデマイスター移動 1 回によって絡み目図式 L が $\widetilde{L}$ に移ったとする．このとき向き o は L より，向き $\tilde{o}$ は $\widetilde{L}$ より入るものとして $H_{\text{Lee}}(\rho_r)([s_o]) = \alpha[s_{\tilde{o}}]$ $(\alpha \neq 0)$ となる．

命題 6.25 の証明のスケッチ

カーター-齋藤の定理（事実 6.1）により，K_0 から K_1 への，与えられたコボルディズムは，ライデマイスター移動か，q-ハンドル $(q = 0, 1, 2)$ に分解され，$K_0 = L_0, L_1, \cdots, L_n = K_1$ となるような絡み目列 $\{L_i\}_{i=0}^n$ が得られる．L_i から L_{i+1} へのコボルディズムを Σ_i と表記する．この n に関する数学的帰納法で示す．まず $n = 1$ について考える．

- （ライデマイスター移動） このときは，補題 6.26 からいえる．
- （0-ハンドル） コボルディズム Σ_0 が 0-ハンドルの場合，Σ_0 の向きは L_0 の向き o からただ一つに決まる．よって，L_0 と同調する L_1 の向きもただ一つである．ここでその L_1 の向きを o' としよう．ε の定義 (6.3) により，$H_{\text{Lee}}(\Sigma_0)([s_o]) = [s_{o'}]$．特に $s_{o'}$ の係数は 0 ではなく，L_1 の o' と異なる向き o'' に対し $s_{o''}$ の係数は 0 である．このとき o'' は L_0 と同調しない向きであるが，$o' = o_I$ の向きは，たしかに L_0 と同調している．
- （1-ハンドル） コボルディズム Σ_0 が 1-ハンドルの場合，Σ_0 の向きは L_0 の向き o から，ただ一つに決まる．

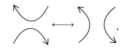

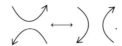

よって，L_0 と同調する L_1 の向きも唯一つである．ここでその L_1 の向きを o' としよう．フュージョンの定義(定義 6.10)により，

$$H_{\text{Lee}}(\Sigma_0)([s_o]) = \alpha[s_{o'}] \quad (\alpha = \pm 2, \pm 1, \text{または} \pm \frac{1}{2}).$$

特に $s_{o'}$ の係数は 0 ではなく，L_1 の o' と異なる向き o'' に対し $s_{o'}$ の係数は 0 である．このとき o'' は L_0 と同調しない向きであるが，$o' = o_I$ の向きは，たしかに L_0 と同調している．

- (2-ハンドル) コボルディズム Σ_0 が 2-ハンドルの場合，Σ_0 の向きは L_0 の向き o から 2 通りある．詳しく述べると ι の定義(6.4)から，1 つの円周が生成される．生成と呼ばれる写像から $\frac{1}{2}(\boldsymbol{a} - \boldsymbol{b})$ の $\boldsymbol{a}, \boldsymbol{b}$ の 2 つの向きは，いずれも向きは同調する向きとして入る．よって，L_0 と同調する L_1 の向きはちょうど 2 つである．ここでその L_1 の向きを o_1, o_2 としよう．再び ι の定義(6.4)により，$H_{\text{Lee}}(\Sigma_0)([s_o]) = \frac{1}{2}([s_{o_1}] - [s_{o_2}])$．特に s_{o_1}, s_{o_2} の係数はそれぞれ 0 ではなく，L_1 の o_1, o_2 等と異なる向き o' に対し $s_{o'}$ の係数は 0 である．このとき o' は L_0 と同調しない向きであるが，o_1 または o_2 (o_I とラベル付けされるもの)の向きは，たしかに L_0 と同調している．

n のとき題意を満たすとし，$n+1$ のときを考える．

$$\Sigma_{\leq k} := \Sigma_k \circ \Sigma_{k-1} \circ \Sigma_{k-2} \circ \cdots \circ \Sigma_0$$

とする．L_0 の向き o に同調する L_n の向きを o_I と書き，o_I に同調する L_{n+1} の向きを o_J とする．$n+1$ のときの題意を示すには

$$H_{\text{Lee}}(\Sigma_{n+1}) \circ H_{\text{Lee}}(\Sigma_{\leq n})([s_o]) = \sum_{o_I} a_I \sum_{o_J} b_J [s_{o_J}]$$

の左辺と次で定義される和

$$\sum_{o_J} a_I b_J [s_{o_J}]$$

が等しいことを示せばよい．そのためには 2 つの集合

$\{(o_I, o_J) | o_I \text{ は } o \text{ と同調し } o_J \text{ は } o_I \text{ と同調する}\}$,

$\{o_J | o_J \text{ は } o \text{ と同調する}\}$

の間に全単射が存在することを示せばよい(2つ目の集合では条件を満たす o_J が固定されたとき (o, o_J) から o_I が一意的に決まることに注意してほしい).ところで,仮定から $\Sigma_{\leq n+1}$ は閉曲面を含まないので,たしかに全単射が上記の2集合間に存在する.以上で n による数学的帰納法が終わる. □

以上から,次のラスムッセンの定理が言える.

定理 6.27(ラスムッセン[16],2010)

K を向き付き結び目,$g_4(K)$ を K の4次元種数とする.$s(K)$ をラスムッセン不変量とする.次が成り立つ.

$$|s(K)| \leq 2g_4(K)$$

証明

K から,ほどけた結び目 U へのコボルディズムを Σ とする.$[z] \in H_{\text{Lee}}(K) \setminus \{0\}$ をとることにし,$s(H_{\text{Lee}}(\Sigma)([z]))$ の評価を考える.命題 6.25 の証明で行ったように,コボルディズム Σ はライデマイスター移動,0-,1-,2-ハンドルにそれぞれ対応する曲面 $\{\Sigma_i\}_{i=0}^n$ に分解され,各曲面 Σ_i に対応する $H_{\text{Lee}}(\Sigma_i)$ はカノニカルジェネレーターをカノニカルジェネレーターに移す.補題 6.15 と補題 6.16 により,0-,2-ハンドルに対応する $H_{\text{Lee}}(\Sigma_{i'})$ はフィルター次数を1ずらし,1-ハンドルに対応する $H_{\text{Lee}}(\Sigma_{i'})$ はフィルター次数を -1 ずらす.ここで L_i から L_{i+1} へのコボルディズムは $H_{\text{Lee}}(\Sigma_i)$ に関するフィルター次数分

$$j(w) = \max\{j(s_o) : \text{量子次数}$$
$$|w \text{ とカノニカルジェネレーター } s_o \text{ はホモロガス}\}$$

をずらす.一方で 0-,2-ハンドルがオイラー数 1,1-ハンドルはオイラー数を -1 ずらすことになるので,Σ によるオイラー数の変化を $\chi(\Sigma)$ と書くと,

$$s(H_{\text{Lee}}(\Sigma)([z])) \geq s([z]) + \chi(\Sigma)$$

となる.ところで $s(H_{\text{Lee}}(\Sigma)([z]))$ は高々上がっても $s_{\max}(U)$ の次数

までであるので，
$$1 \geqq s(H_{\text{Lee}}(\Sigma)([z])).$$
よって，
$$1 \geqq s([z]) + \chi(\Sigma).$$

この不等式から最善の評価を導こうとするならば，$[z]$ を $s([z])$ が最大になるように選び，かつ，$\chi(\Sigma)$ が最大になるように，したがって，Σ の穴の数を最小にとらなくてはいけない．このとき，$\chi(\Sigma)$ は種数 $g_4(K)$ の曲面に穴を二つ開けたものと（同相という同値関係で）同一視できるから，$\chi(\Sigma) = -2g_4(K)$ である．よって，
$$1 + 2g_4(K) \geqq s_{\max}(K).$$
よって，補題 6.21 の式
$$s_{\max}(K) = 1 + s(K)$$
より，
$$2g_4(K) \geqq s(K).$$
さらに，補題 6.20 から K の鏡像 K^* に対して
$$s(K) = -s(K^*)$$
により，
$$2g_4(K^*) \geqq s(K^*) = -s(K).$$
以上から，与えられた K に対して
$$2g_4(K) \geqq s(K) \quad \text{または} \quad 2g_4(K) \geqq -s(K)$$
だから，
$$2g_4(K) \geqq |s(K)|. \qquad \square$$

ここで向き付き結び目図式の交点はすべて（必要であれば平面上，平面イソトピーによって微小に動かして整えることを許せば）かとなっていることに注意してほしい．次が得られる．

定理 6.28（ラスムッセン[16]，2010）
結び目 K に対し，ある D_K が存在して D_K の交点は，すべて となっているとする．このとき，
$$s(K) = 2g_4(K) = 2g_3(K).$$

証明

　D_K の交点が n 交点あったとする．このとき，s_0 には円周が k 個あったとすると，円周すべてにラベル x を付した，細分化されたステイトを $S(s_0)$ と書くことにすれば，結び目図式 D と D のある細分化されたステイト S に対する $j(S)$ の定義が

$$j(S) = w(D) + \frac{1}{2}(w(D) - \sigma(S)) + \tau(S)$$

であることに注意すれば，今，すべての交点が ╳ であるから

$$j(S(s_0)) = n + 0 - k.$$

これが，最小の次数 j である（$H_{\text{Lee}}(D)$ のカノニカルジェネレーターをみているので補題 6.18 と補題 6.21 からこの計算だけで $s_{\min}$ がわかる）．よって，$s_{\min}(K) = n - k$ だから，

$$s(K) = n - k + 1.$$

よって，定理 6.27 により

$$n - k + 1 = s(K) \leq 2g_4(K).$$

一方で，**ザイフェルトのアルゴリズム**と言われる，K の結び目図式から K を境界とする $\mathbb{R}^3$ 内の曲面を構成する方法が知られており，そのオイラー数は $k - n$ である．**ザイフェルトのアルゴリズム**の一例を書いておくので，それを眺めて自分で一般化してみてほしい（図 6.13）．

　よって，すべての交点が ╳ となっている，ある結び目図式 D_K にザイフェルトアルゴリズムを適用し，その曲面の種数を $g(D_K)$ と書くと

$$1 - 2g(D_K) = k - n \quad \text{より}, \quad 2g(D_K) = n - k + 1.$$

$g_3(K)$ の定義を思い出すと，

$$g_3(K) = \min\{S_K \text{ の種数} | S_K \subset \mathbb{R}^3, \partial S_K = K\}$$

である．ここでは特別な D_K についてザイフェルトのアルゴリズムという特別な S_K を考えているので，当然

$$g_3(K) \leq g(D_K).$$

また，$\mathbb{R}^3 \subset \mathbb{R}^4 = \mathbb{R}^3 \times \mathbb{R}$ であるから，

$$g_4(K) \leq g_3(K).$$

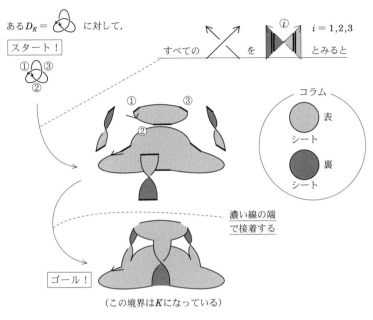

図 6.13 ザイフェルトのアルゴリズムの一例

以上から，
$$2g_4(K) \leq 2g_3(K) \leq 2g_3(D_K) \leq n-k+1 = s(K) \leq 2g_4(K).$$
□

最後にミルナー予想を導いておく．

系 6.29

K を (p,q) トーラス結び目とする．
$$u(K) = g_4(K) = \frac{(p-1)(q-1)}{2}.$$

証明

一般に (p,q) トーラス結び目は，交点タイプがすべて交点がのタイプかすべて のタイプであるか，いずれかのよ

く知られた標準的な結び目図式を持つことが知られている(初等的な議論で簡単にわかる．例は第 2.8 節の図 2.14)．ここではすべて ✕ である D_K をとったと仮定する．

D_K の交点を n, s_o の円周の個数を k とする．定理 6.28 により
$$2g_4(K) = s(K) = n-k+1.$$
(p,q) トーラス結び目 K の $n-k+1$ という数を p, q で表してみると
$$n = (p-1)q,\ k = p\ \text{により}\ n-k+1 = (p-1)(q-1)$$
がわかる．よって，$2g_4(K) = (p-1)(q-1)$．

ところで，(p,q) トーラス結び目 K の結び目解消数 $u(K)$ は，実際に交差交換する交点を探すことで，
$$u(K) \leq \frac{(p-1)(q-1)}{2}$$
がわかる．そして種数がちょうど $u(K)$ に一致するような自明な結び目から K へのコボルディズムが存在することは基本的な議論を積み重ねるとわかる(意欲的な読者は，ぜひ補完されたい)．この点を一言軽く説明すると，図 6.14 にあるように交差交換を 1 回するときの

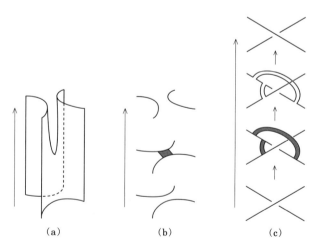

図 6.14 (a)ある曲面の，ある局所的な様子，(b)(a)に対応する結び目図式の変化(上に向かう矢印方向に変化する)を図示して(a)の曲面を表す方法，(c)2 つ紐の交差を交換することに対応するコボルディズムの構成法.

結び目 K_1 と K_2, 種数 1 の K_1 から K_2 へのコボルディズムの対応がつくため,「$u(K)$ に一致するような自明な結び目から K へのコボルディズムが存在する」のである.

したがって,
$$g_4(K) \leq u(K)$$
が成り立つ.

すぐ上で $(p-1)(q-1) = 2g_4(K)$ がわかっていたので,
$$(p-1)(q-1) = 2g_4(K) \leq 2u(K) \leq (p-1)(q-1).$$
以上より,証明を終わる. □

6.7 結び目からナノワードの圏論へ

α という 1 つ固定される集合をアルファベットと呼ぶ. $\hat{n} = \{1, 2, \cdots, n\}$ とする. α 上の長さ $n (\geq 1)$ のワードを
$$w : \hat{n} \longrightarrow \alpha$$
と定義する. 長さ 0 のワードを $\emptyset$ と記載する. 長さについて言及しないときは, アルファベット α に対して, 単に α 上のワードと呼ぶ. このワード w を $w(1)w(2)\cdots w(n)$ で表す[30]. アルファベット α_1, α_2 に対して写像
$$f : \alpha_1 \longrightarrow \alpha_2$$
は, α_1 上の(ある)ワード w_1 と α_2 上の(ある)ワード w_2 を文字ごとに移す写像 $f_\#$ を誘導する. この写像は
$$f_\# : \{\alpha_1 \text{上のワードたち}\} \longrightarrow \{\alpha_2 \text{上のワードたち}\} ; w_1 \mapsto w_2$$
と書ける.

このようなワードを主役として数学を構築するアイディアとして, 図 6.15 のようにこの**一見, 単なる文字列**であるワードを**幾何学的な対象として見て**何らかの "covering (被覆)" を考えていくのである. そこで, まずは「文字」というものに上部構造を与えてみよう.

定義 6.30 (α-アルファベット)

α をアルファベットとする. $\mathcal{A}$ を集合とする. 集合 $\mathcal{A}$ が projection と呼ばれる写像

---

30) 我々が生活上使っている文字列の感覚と同じようにする, ということである. もちろん左から並べるか, 右から並べるか(関数の合成は右から並べることが多い)の感覚の違いはあると思うが「とりあえず」ここでは左から並べる.

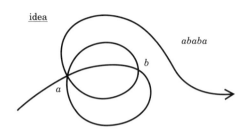

図 6.15　ワード $ababa$ の上部に幾何学的な階層構造を入れる．

$$|\cdot| : \mathcal{A} \longrightarrow \alpha \,;\, A \mapsto |A|$$

を合わせ持つときに，α-アルファベットと呼ぶ．2 つの α-アルファベット $\mathcal{A}_1, \mathcal{A}_2$ に対して，

$$\text{射}\quad \mathcal{A}_1 \longrightarrow \mathcal{A}_2$$

とは，

$$\text{写像}\quad f : \mathcal{A}_1 \longrightarrow \mathcal{A}_2 \quad \text{であり}\quad |A| = |f(A)| \,(\forall A \in \mathcal{A}_1)$$

を満たすもののことである．この f が全単射のときに，α-アルファベット $\mathcal{A}_1, \mathcal{A}_2$ の**同型**と呼ぶ[31]．

この上部構造を持った文字列は**もはや単なる文字列ではない**．その文字列を紹介しよう．

定義 6.31（エタールワード）

α をアルファベットとする．α 上の**エタールワード**とは，α-アルファベット $\mathcal{A}$ と $\mathcal{A}$ 上のワード w の組 $(\mathcal{A}, w)$ のことである．

α 上のエタールワード $(\mathcal{A}_1, w_1), (\mathcal{A}_2, w_2)$ が同型であるとは，同型 $f : \mathcal{A}_1 \to \mathcal{A}_2$ が誘導する $f_\sharp$ が $f_\sharp w_1 = w_2$ を満たすことをいう．

すなわち，文字列に 1 段階[32]階層構造を入れてみたというだけのものがエタールワードである．ところが，この簡単ともいえる 1 段階が大きいのである．実際，エタールワードの特別な場合は結び目全体を真に含むほどの，きわめて広範囲の数学を含むのである．

定義 6.32

α をアルファベットとし，$\mathcal{A}$ を α-アルファベットとする．$\mathcal{A}$ 上のワードで，ちょうど同じ文字が 2 回ずつ現れるワードを**ガウスワード**という．α 上の**ナノワード**とは，α-アルファベット $\mathcal{A}$ と $\mathcal{A}$ 上のガウスワード w の組 $(\mathcal{A}, w)$ のこととする．一言で言えばナノワードとはエタールガウスワードのことである．2 つのナノワードが同型であるということは，エタールワードとして同型であるということである．

例えばきわめて特別な例として，α が 4 元しかない集合 $\alpha_* = \{a_\pm, b_\pm\}$ を考えてみよう．α_*-アルファベット $\mathcal{A} = \{A, B, C\}$ を $|A| = a_+$, $|B| = b_+$, $|C| = a_+$ という projection を持ったものとする．例えば α_* 上のエタールワード $(\mathcal{A}, w = ABCABC)$ は何を意味するだろうか？ この**エタールワード (ナノワード) の幾何学的実現**を考えてみよう．

左から右に抜けていく長い長い紐を平面に射影した図を考える．これは，今まで我々が考えてきた (閉じた) 向き付き結び目を 1 箇所で切って，2 つの端っこをテープで結び目とともに紙の上に留めたものを考えると，切る 1 箇所以外は結び目射影図として描けば数学的に扱いやすい[33]．すると，図 6.16 (次ページ) の助けを借りて，ナノワード $(\mathcal{A}, w = ABCABC)$ は結び目 3_1 を 1 箇所で切ったものを表すことが判明する．これを図 6.16 のような個別な絵の助けを借りずにナノワードのなす圏から基点付き結び目への函手を書いて記述することもできる[34]．例えば，ライデマイスター移動がエタールワードの世界で一体何をしていることなのかを正確に記述することもできる．エタールワードから図 6.15 を想起したときに，3 重点を少しだけずらせば 2 重点 3 つに**特異点解消**できる．このアイディアを使ってナノワードを指定する写像が定義できる[35]．次の段落ではさらに**ワードのトポロジー (語のトポロジー)** を展開しよう．

α は集合，τ は $\alpha \to \alpha$ という $\tau \circ \tau = \mathrm{id}$ をみたす写像[36]とする．また S を $\alpha \times \alpha \times \alpha$ の部分集合とする．この 3 つ組 (α, τ, S) を**ホモトピーデータ**と呼ぶ

---

31) すなわち α-アルファベットの同型とは文字の表示の取り替えを行って良いという意味である．
32) 1 段階だけで 2 段階ではないシンプルなものである．もちろん n 段階入れることもできるだろう．
33) ミルナー予想の証明を追いかけたときに基点付き結び目を考えたが，基点 1 点で切り開いて，シールで左と右に留めたものを思い浮かべても良い．
34) 紙数の都合でここではその記述を諦める．
35) 実際トゥラエフはエタールワードの特異点解消したナノワードを指定する手続きを書き下し，そういった写像を与えている [25]．
36) このような写像を involution と呼ぶ．

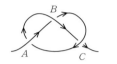
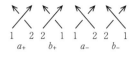

$$\mathrm{idea}\quad \mathcal{A} = \{A, B, C\},\ \alpha = \{a_\pm, b_\pm\}$$
$$\alpha\text{-alphabet}$$

$$|A| = a_+,\ |B| = b_+,\ |C| = a_+$$

図 6.16 結び目全体の集合はエタールワードのうちで α をある 4 元集合とする特別なクラスである。1, 2 は交点を通過する順番を表す。

ことにする[37]。

α 上のナノワードすべてからなる集合 $\mathcal{N}(\alpha)$ に対して，あるホモトピーデータが与えられたとするとき，ナノワードの同型に加えて次の(1)-(3)のナノワードの「置き換え」を考える[38]。この置き換えをここでは単に**変換**と呼ぶことにしよう。以下，大文字で書いたらワードの文字とし，小文字はワードの何らかの文字列を表すものとする。

(1) 次のある A が存在したときの変換：
$$(\mathcal{A}, xAAy) \longrightarrow (\mathcal{A}\setminus\{A\}, xy)$$
と，その反対方向の変換。

(2) 次のある A, B (ただし $|A| = \tau(|B|)$ を満たす) が存在したときの変換：
$$(\mathcal{A}, xAByBAz) \longrightarrow (\mathcal{A}\setminus\{A, B\}, xyz)$$
と，その反対方向の変換。

(3) 次のある A, B, C (ただし $(|A|, |B|, |C|) \in S$ を満たす) が存在したときの変換：
$$(\mathcal{A}, xAByACzBCt) \longrightarrow (\mathcal{A}, xBAyCAzCBt)$$
と，その反対方向の変換。

ナノワードの同型にこの 3 タイプの変換(反対変換を含む)を加えたナノワードすべての集合を $\mathcal{N}(\alpha, \tau, S)$ と書く。

トゥラエフにより次が知られている。

定理 6.33 (トゥラエフ[23], 2006)

集合 $N(\alpha, \tau, S)$ を上記で定めたものとする. ある特別な $\alpha = \alpha_*$, $\tau = \tau_*$, $S = S_*$ が存在して, 単射

$$\text{すべての基点付き結び目からなる集合} \longrightarrow N(\alpha_*, \tau_*, S_*)$$

が存在する.

これは, 基点付き結び目を対象とし, 射を基点と向きを保つイソトピーとする, 基点付き結び目がなす圏から圏 $N(\alpha_*, \tau_*, S_*)$ への函手を導く. 反対方向についても記述すべきであるが, ここでは紙数の都合により省略する. 気になった人はいると思うので, 筆者は次の機会に記載したいと考える.

エタールワードの, どの情報がジョーンズ多項式を統括するエタールワードの圏で, どの情報がアレクサンダー多項式を統括するエタールワードの圏かを把握することができる. 実は4元集合から2元集合への射影

$$\alpha_* = \{a_\pm, b_\pm\} \longrightarrow \alpha_1 = \{+, -\}$$

を考えれば, α_1 に対応して τ_1, S_1 というものが考えられ[39], そのようにしてできた $N(\alpha_1, \tau_1, S_1)$ は結び目の情報をかなり落としているはずだが, $N(\alpha_1, \tau_1, S_1)$ は第3章のジョーンズ多項式の情報をすべて含む[40]. ここで, 圏 $N(\alpha_*, \tau_*, S_*)$ から圏 $N(\alpha_1, \tau_1, S_1)$ への函手があることに留意してほしい.

コンピューターサイエンスを推し進めるエンジニアの方々からすれば, **ジョーンズ多項式は実際は結び目の情報をすべて使っているわけではないこと**は興奮することだろうと想像する. このことを使ったジョーンズ多項式やホバノフホモロジーへの応用については[24]があるが, まだ十分な応用研究がなされているとは言えず, この方面は, 豊穣さを内に秘めたまま, 意欲的な開拓者を待ち続けている. 入門しやすい参考文献として[25]をあげておく. ナノワード理論をつきつめていく理由は[35]にも掲載されている.

---

37) いま, 細分化されたステイトで用いた文字 S をまったく別の意味で使うが, 混同しないようにしていただきたい.
38) 正確には $N(\alpha)$ の部分集合から $N(\alpha)$ への写像である.
39) 紙数の都合でこれも詳細を記述するのは別の機会とする.
40) このことはトゥラエフ[23]が示している

第Ⅱ部

2016年
結び目の旅

第Ⅱ部のはじめに——単行本化の注釈

　第Ⅱ部は，2015年10月号から2016年3月号まで『数学セミナー』に連載された6記事[49]をほぼそのまま載せたものである．その理由は3つある．第1に，この記事は現在見ても結果は新しく，現在の進展の最も基本的なモチベーションとアプローチをはっきりと記述していることである．第2に，一般に教科書は「一度きれいにまとまりおわった分野」を書くことが多いのに対し，これは現在進行形の研究を記述していることである．2年程度経った現在で何箇所か数学として未発達な部分を感じるものの，それも「数学の生き様」であることを読者は感じて欲しい．筆者の知る数学研究とは，多くの場合，古典を学びつつ，現在を知り，未来の研究へと飛び込むものである．その中で自省・再反省を繰り返して進んでいる．たとえ今から見て過去の結果が小さくとも，最初の一歩は筆者の中で貴重な一歩にほかならないのである．第3は，連載が高校生対象にしていたことである．集合と写像ではっきり書けるところを，数学研究者に対する明解さを犠牲にして，高校生を前に語りかけることをイメージして記述した．これは数学を専門としない方々にもとりつきやすいものになっているのではないかと思ったのである．以上の理由で，あえて手を加えることをしなかった．

　連載の最後で次のくだりがある．

　　　"旅の行き着いた先は，開拓の冒険へのスタートにほかならず，魅力的な問題たちは読者諸氏の挑戦を待っているのである．さあ，今から「2016年結び目の旅」をぜひとも始めてほしい．"

　この本を西暦何年に読者が手に取るかを筆者は知らない．したがって第Ⅱ部を読者が読み終わったときから「結び目の旅」を始めてくだされば筆者にとっては望外の喜びである．そしてそのときに，実は既に旅を始めていることに読者は気づいてしまうだろう．

第7章

結び目の影を追いかけて

　空間[1]の中の，有限個の線分を思い浮かべてほしい．1つの線分の両端はそれぞれ，ちょうど1つの他の線分とだけ，端を共有するものとする．**結び目**(knot)とは，上記のルールを課した上で，有限個の線分からなる閉じた折れ線のことである．

　詳しく述べると，結び目には，「馴れた結び目(tame knot)」と「野生的な結び目(wild knot)」があり，「馴れた結び目」は，このような折れ線表示ができる[2]．

　この結び目を表す折れ線は"数学的事実"を根拠に滑らかな線で描いてもよい．本書も場合に応じてそれを用いる(図7.1，次ページ)．この「滑らかな線と折れ線の同一視」は，「馴れた結び目が，折れ線で表される結び目と同値関係[3]込みで同一視できる」という"数学的事実"に基づくことによる．ここでは，今，2度繰り返した"数学的事実"を信じて読み流してほしいが，突き詰めて考えたい人[4]は，それを宿題としてほしい．イメージとしては，図7.1右と同じように有限個の楊枝の端をお団子に刺して順番につなぎ合わせた模型と図7.1左の閉じたロープを同一視することを考えている[5]．図7.1では，見方によっては空飛ぶ恐竜プテラノドンとその射影される姿(下からは翼が大きく広がって見える)，左は蝶々のような姿であるが，トポロジー的な視点により，これらはどれも同じ結び目を表している．

　さらに本書で誤解の生じやすい部分を避けるために次の呼び分けをする．

---

[1] ここでの空間は，大学数学では
$$\mathbb{R}^3 = \{(x,y,z) | x,y,z \in \mathbb{R}\}$$
と定義される3次元空間である．
[2] 本格的な野生的結び目理論の設立は未完成であり，挑戦者たちを待っている．
[3] ここで「同値関係」という言葉を数学的に厳密に知っている人は問題ないのであるが，もしそこまで正確な理解をしなくてもよい人は，「2つの結び目を同一視するルール」と読み替えて読み流してほしい．大学の数学の講義ではこういうところも突き詰めて，誤解がないように理論を構築する．
[4] 学生時代の筆者のような人．
[5] ここで，動かしても壊れない魔法の楊枝や団子達なのか？　とか，団子の大きさや楊枝・紐の太さなどを心配する人は，自分で議論を補完できる人であるから筆者はもはや心配しない．

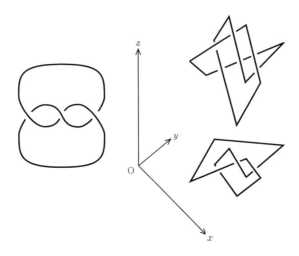

図 7.1 滑らかな線で描かれた結び目の絵(左),空間内の閉じた折れ線としての結び目と,それが平面に射影された絵(右)

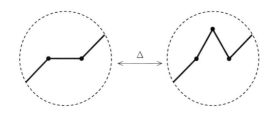

図 7.2 空間内の局所変形 Δ(2つの線分を1つの線分に置き換える操作,またはその反対操作)

結び目,もしくは(この後で定義する)"結び目を平面または球面に描いた図"の中に現れる有限個の線分がなす n 角形をそのまま「○角形(○には漢数字が入る)」と呼び,後に登場する「n 辺形(n にアラビア数字が入る)」とは違う概念として扱う.以上を踏まえた上で,筆者は話を進める.

2つの結び目が同値であるとは,有限回の空間内の局所変形 Δ(図7.2)で移り合うことである.ただし,Δ のなす三角形の境界や内部に,ほかの折れ線の一部が入ってはならない.

「折れ線の端の点を余分にとって大丈夫なのか」という心配がでてくるが,局所変形 Δ を何回か使うと1つの折れ線を2つの折れ線に分割する,また反対操作として2つの折れ線を1つの折れ線に統合することができる(図

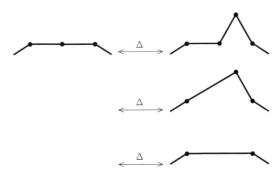

図 7.3 線分上にある点の生成・除去

7.3).

7.1 結び目射影図

　結び目を数学として研究していくには，その対象を漢字のように意味をもった対象として，しかも手軽に表示できるようになることが肝心である．そこで結び目（折れ線）を平面に射影することを考えよう．結び目の情報をつぶさないように射影しようとすると，次の注意が必要である．具体的には以下のルールに従い，結び目の射影図を平面に写し取る．

1. 線分は線分に射影される．
2. 線分同士の重なりは横断的に交わる2重点のみとする．
3. 2重点での線分同士の上下を明記する．

このように平面に射影された図は**結び目射影図**または**結び目図式**と呼び，結び目研究を理解する上では欠かせない道具となっている．この3つの条件を見ると，先ほどの図 7.1（右）の xy 平面には結び目射影図が描かれている，ということになる．研究で結び目を扱う場合は，平面に射影するときと，平面に無限大点（平面で無限遠方にある点）を加えて球面上での結び目の図を考える場合もあり，いずれも結び目射影図と呼ぶ．イメージとしては机の上の紙（平面）に結び目の絵を描くか，地球儀（平面に北極点を加えたもの）の上に結

び目の絵を描くかの違いである．数学的な根拠に基づく議論の簡潔さから，本書では特に断らない限りは球面上に結び目の図が描いてある方の意味で，「結び目射影図」を考えていく．

7.2 ライデマイスターの定理

結び目射影図に対し，1927年の論文でクルト・ライデマイスター（K. Reidemeister)は次のことを示した．

定理 7.1
与えられた結び目に対し，任意の2つの結び目射影図は有限回の局所変形 $\mathcal{R}I$, $\mathcal{R}II$, $\mathcal{R}III$ で移り合う[6]（図7.4，次ページ）．

ここで結び目射影図を描くときに課したルールの3番目を外し，「2重点で紐の上下を明記しない」ようにした図を**結び目の影**(knot projection)と呼ぶことにしよう．以後，本書では特に断らない限り，球面上の結び目の影を「結び目の影」，平面上の結び目の影を**平面曲線**または**平面上の結び目の影**と呼ぶことにする．命題や定理を述べるときは誤解のないようにさらに強調して**球面上の結び目の影**と表記することもある．また，2重点は慣例に従い，今後は**交点**と呼ぶことにする．2つの平面上（球面上）の結び目の影 P と P' が同値，すなわち $P = P'$ と表記するのは，有限回の図7.5（次ページ）の局所変形 $\overline{\Delta}$ により平面上（球面上）で移り合うことである．

そして"結び目の影版"ライデマイスターの定理は次のようになる．

定理 7.2
P と P' を共に球面上，もしくは平面上の結び目の影とする．任意の P と P' は有限回の局所変形 RI, RII, RIII で移り合う[7]（図7.6，146ページ）．

定理7.2を使うと，どのような結び目の影も，交点を一つももたない結び目の影（本書では，記号「○」と表記する）にできることがわかる．言い換えると，「○」から RI, RII, RIII の有限列を通して，好きな結び目の影をつくる

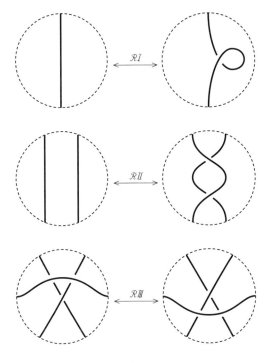

図 7.4 　局所変形 $\mathcal{R}I$, $\mathcal{R}I\!I$, $\mathcal{R}I\!I\!I$

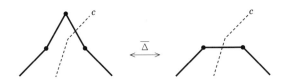

図 7.5 　平面内(もしくは球面上)の結び目の影に対する局所変形 $\overline{\Delta}$（点線 c のようなものが入っても入らなくても良い）

ことができる．

では，結び目の影の動きを少し制限してみると何がおこるだろうか？　例えば上記でRIIを禁止して，RIとRIIIだけを許すことにしたら，我々は結び目の影を捉えきれるだろうか？

もし，ある結び目の影をみて，これは，◯からどのような経歴で得られた

---

6) （上級者向け）結び目射影図における図7.5（後述）の操作（$\overline{\Delta}$）による同一視の元で，この定理を書いている．以後，この同一視を用いる．
7) 「結び目」，「結び目の影」でRI, RII, RIIIの字体を変えていることに注意されたい．

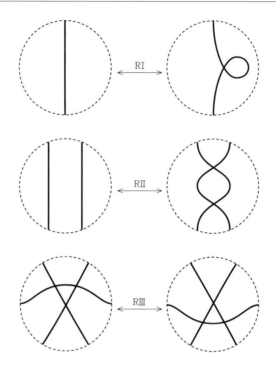

図 7.6　局所変形 RI, RII, RIII

　影なのかが特定できたとしたら，そしてその影を持つ空間内の結び目の候補がかなり限定されたとしたら，皆さんはどう思うだろうか？　これは正体不明の何者かが落としていったものを丁寧に調べ，その正体を暴くことに似ている．実際に研究レベルではこのようなことが行われている．じりじりと正体の候補を追い詰め，最後には正体を暴くのである．

　この本で地道に結び目の歴史を振り返りながら，筆者と一緒に結び目の影を追いかけてみよう．定理 7.1 と定理 7.2 の証明が知りたい読者はこの章の最後に行うのでご心配なく．

7.3　RIの禁止

　まず RI を禁止してみる．すると，これは本質的には 1937 年のハスラー・ホイットニー（H. Whitney）の回転数の定義により，解決されている．まず，

球面上の結び目の影 P に対して，球面から無限大点を取り除くことで平面上の結び目の影 C_P を取り出す（この方法は第 8 章で詳しく説明する）．ここで結び目の影をたどることを考えよう．任意のスタート地点からいくつかの交点（イメージとしては道路の十字路の交差点）を横切り，もとの地点に戻る．このとき，スタートしてから最初にもとの地点に戻るまでに，結果的にどのくらいの角度方向を変えたのかを記録しておくものとする．このとき，最初と最後は同じ方向を向いているので，角度は 360 度の整数倍になっているはずである．この整数（この本ではその絶対値）を**回転数**と呼ぶ．この回転数の偶奇は無限大点の取り方に依存しない．回転数を使って次が述べられる（この辺りも第 8 章で詳述する（図 7.7））．

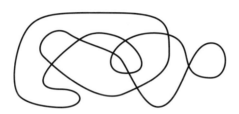

図 7.7 回転数が 1 の平面曲線の例

定理 7.3（RⅡ と RⅢ における結び目の影の分類定理）

P を球面上の結び目の影とし，球面から無限大点を除くことで P から決まる平面曲線を C_P とする．交点のない球面上の結び目の影を ○，交点が 1 つしかない球面上の結び目の影を ∞ で表すものとする．

C_P の回転数が奇数
$\iff P$ は RⅡ と RⅢ を有限回使って ○ にできる．

C_P の回転数が偶数
$\iff P$ は RⅡ と RⅢ を有限回使って ∞ にできる．

定理 7.3 を眺めると，RⅡ，RⅢ を許した場合には結び目の影が完全に分類されている，ということを納得するだろう[8]．したがって，定理 7.3 は「RⅡ と RⅢ における結び目の影の分類定理」と呼べる．

---

8) ここですぐに納得できないとしても自信をなくしてはいけない．そういう場合に，筆者の言い回しよりも自分にとって腑に落ちる言い回しを考えることも数学上達のコツであろう．

7.4 RⅢの禁止

RⅢを禁止し，RIとRⅡのみしか使えない場合はどうなるだろうか？ これは本質的には1997年のホバノフ（Khovanov）により解決されている．ここでは2013年の伊藤-瀧村による形に沿い，「RIとRⅡにおける結び目の影の分類定理」を述べておく（第9章で詳述する）．

ここで，「n辺形（$n = 1, 2, 3, \cdots$）」の定義をする．ある交点から出発して，結び目の影をたどって行き，初めて交点に出会うまでの，交点から交点までの，結び目の影の一部分をアークと呼ぶ．結び目の影を見たときに，n個のアークがなす，n角形を「n辺形」と呼ぶ（図7.8）．

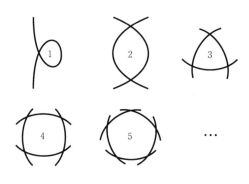

図7.8 n辺形の例

定義7.1

与えられた球面上の結び目の影Pに対し，Pから1辺形，2辺形を一つも持たなくなるまでRIとRⅡの交点を減らす方向だけを用いて減らして得た結び目の影をP^rと呼ぶ（図7.9, 次ページ）．減らし方を一つ指定するごとにP^rが定まる（系7.1参照）．

定理7.4（RIとRⅡにおける結び目の影の分類定理）

PとP'を球面上の結び目の影とする．

PとP'が有限回のRIとRⅡにより移り合う $\iff P^r = P'^r$.

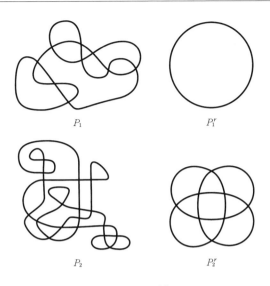

図 7.9 P^r の例

系 7.1
　球面上の結び目の影 P に対し P^r は，交点の減らし方によらず一意的に定まる．

7.5　RIIの禁止

　RIIを禁止し，RIとRIIIのみしか使えない場合はどうなるだろうか？ 実はRIの禁止の場合，RIIIの禁止の場合と異なり，ほとんど何もわかっていない．筆者が，この問題が意外に簡単でないことに気づいたのは2012年から2013年になる頃であった．"この場合はどうなるか?" というのは，当時，早稲田大学の学生であった瀧村祐介氏に質問された内容である．学生から質問されたことなので，なんとか答えなくてはならない．しかし，3日経っても1週間経っても筆者は答えられなかった．そのときに考えて答えたのは，未解決問題の一部とはいえ，問題としてかなり特別な場合であった（第10章で紹介する）．
　そこで瀧村氏の指導教員であった谷山公規教授を交え，調べてみるとHagge-Yazinskiの論文により，RIとRIIIだけでは平面曲線すべてを交点の

ない○にはできない，ということが知られていたのである（定理7.5）．

定理7.5（Hagge-Yazinski）
図7.10の平面曲線はRIとRIIIをどのように有限回使っても交点をもたない○にはならない．

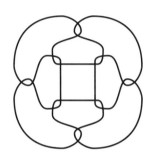

図7.10 Hagge-Yazinskiの例

この例を見て，すぐに類似の例を見つけた読者はいるだろう．筆者たちもそうであった．たしかに類似の例で定理7.5と同様のことをいうのはたやすい．しかし，本質的に違う例となるとどうであろうか．もし見つけたならば，その時点ですでに最先端の数学に足を踏み入れているかもしれない．

通常，定理7.5のような不可能性の証明では**不変量**と呼ばれるものを使わないと難しい．しかし，Hagge-Yazinskiの論文では巧みな方法を用いて，この例（あるいはこの例から想起される類似の例）に限って通用する論理を構築し，不可能性を示している（第12章で詳述する）．本書では，この問題を1週間経っても答えられなかった筆者が，瀧村氏にどう答えて，そして，その後どうなったかを報告していく．

7.6　定理7.1の証明

1回の局所変形Δが$RI, RII, RIII, \overline{\Delta}$の組み合わせで書き表されることを示せばよい．1回のΔは三角形の1線分につながった2線分に取り替えること，またはその反対操作であるが，互いに入れ替わる1線分とつながった

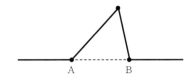

図 7.11　△ または $\overline{\triangle}$ の A と B

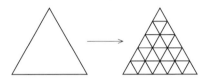

図 7.12　三角形の分割の例

2線分の共通部分(三角形の2頂点)をA,Bと名付けておく(図7.11).文脈上,特に誤解がない限りは $\overline{\triangle}$ においてもこの記号A,Bは引き継がれるものとする.上記の △ と結び目射影図の定義から △ が射影されることで考えられる三角形の境界のうち,A,B以外に,結び目射影図の他の一部が通過することはないと仮定できる.また,起こりうる場合を考えて読者は容易に情報を回復できるので,ここでは交点の上下の記載を省略する.

　まず余計な場合分けを減らすために,先述の図7.3に従い,折れ線をなす線分の両端の頂点を可能な限り減らしておく.次に1回の △ が表す三角形を細かくとり,何回かの △ にわける(図7.12).このときに,細かい △ 達といえど有限個であるから,(射影された)どの三角形に対しても,結び目射影図の一部が接することがないように取ることができる(図7.12の幅を若干変える.有限個の可能性を避ければよいので,できる).このルールを守りつつ,細かくした △ の中の △ をさらに細かくすることで,三角形の境界抜きの内部には高々1つの頂点,もしくは高々1つの交点しかないようにできる.以上の条件下で,1つ1つの最小単位となっている △ を見ると,次の(1)か(2)の場合となる.

　　(1) 三角形の頂点(AまたはB)から内部に向かって線分がある場合は,図7.13(次ページ)のごとく △ は $\overline{\triangle}$ と $\mathcal{R}\mathit{I}$ の組み合わせ,あるいは場合によって $\mathcal{R}\mathit{I\!I}$ を加えた組み合わせで置き換えられる.

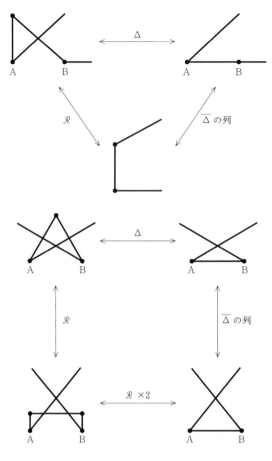

図 7.13 ケース (1)

(2) 頂点から内部に向かう線分がない場合は，対称性を考えると図 7.14（次ページ）で尽くしており，これらで表される局所変形 Δ は $\mathcal{R}\mathrm{I\!I}, \mathcal{R}\mathrm{I\!I\!I}, \overline{\Delta}$ の列で書き表される．

以上より，示したい主張が示された． □

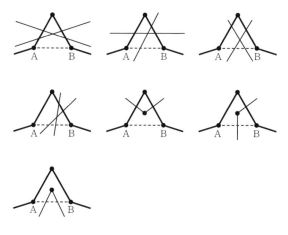

図 7.14 ケース（2）（ほかの可能性は表記の絵に帰着する）

7.7 定理7.2の証明

　図 7.15 を見てほしい．与えられた結び目の影から，どこかの頂点をスタート地点として結び目の影を 1 周する．初めて交点を通るときにいつも上側であるように通過する（図 7.16，次ページ）として，結び目射影図を描くことができる．すると，スタート地点から下がり続けてこの結び目射影図はほどけた結び目を表していることに気づく（図 7.17）．定理 7.1 より，この結び目

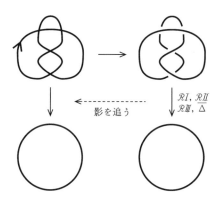

図 7.15 結び目の影から結び目射影図の構成

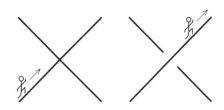

図 7.16 初めて出会う交点は，いつも上側を通る．

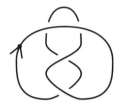 

図 7.17 結び目を横から見る

射影図から $RI, RII, RIII, \overline{\Delta}$ からなる列で交点のない ◯ になるので，あとはこの列の影をみると最初に与えられた結び目の影から ◯ への，RI, RII, RIII, $\overline{\Delta}$ からなる列が得られる． □

7.8　本章のまとめ

　データから図形，図形からデータを行き来する方法の確立が現代幾何学における 1 つのテーマである．人間の認識が難しい図形（謎の怪物）を理解するためには，人間の手の届く情報で謎の怪物を捉えられるように情報を集めなくてはならない．また，人間が容易に大きなデータを扱うようになった現在においては，より少量の（より局所的な）情報からより大量の（より大域的な）情報を取り出して効率良く図形や現象を捉える方法の開発が期待されている．結び目や結び目の影の研究で行われている多くが，このようなことの具体例を提供し，その方法論を力強く示唆している．第 II 部では，このような数学の基礎的な考え方を「結び目の影」における最先端の研究を通して語っていく．

第8章

1927年から1937年への旅

本章は，球面上の結び目の影と平面曲線(= 平面上の結び目の影)の2つの概念が同時に登場する．混乱しないように配慮して記載するが，読者も注意してほしい．

8.1 記号の定義

結び目の影に対するライデマイスター移動を RI, RII, RIII と書くことにする．RII も RIII も局所円盤に対して定義されていた．この局所円盤の境界である円周上の点たちがどのように結び目の影によってつながっているかで，さらに細かく RII と RIII を分けることができる．図 8.1(次ページ)は円盤の点達のつながり方をすべて書きだして，strong RII, weak RII, strong RIII, weak RIII を定義している．

これ以降，RI, RII, RIII に加え，strong RII, weak RII, strong RIII, weak RIII のことも「ライデマイスター移動」の一つとして扱う．

定義 8.1

Ω を後ほど(図 8.10 で)定義する変形とする．Ω とライデマイスター移動の中から，ちょうど k 種類の変形を重複を許さずに選び，$x_1, x_2, \cdots, x_k$ とする．P と P' を両方とも球面上の結び目の影，または両方とも平面曲線とする．P と P' が k 種類の変形を，それぞれ有限回使うことで移り合うとき，$\sim$ の上に $x_1, x_2, \cdots, x_k$ を記して

$$P \overset{x_1, x_2, \cdots, x_k}{\sim} P'$$

と書くことにする．

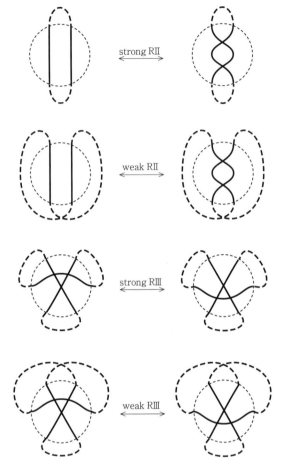

図 8.1　strong RII, weak RII, strong RIII, weak RIII

例えば，P と P' が RI を 2 回，RII を 3 回を使って移ったら，$P \stackrel{\text{RI, RII}}{\sim} P'$ と書くことができる．

8.2　1927 年のライデマイスターの定理

第 7 章で紹介した結び目の影(knot projection)版「ライデマイスターの定理」(1927 年)を再掲する．

定理 8.1

P と $\bigcirc$ をともに球面上の結び目の影,あるいはともに平面曲線とする.ただし,$\bigcirc$ は交点を持たないとする.任意の P に対して次が成り立つ.
$$P \stackrel{\text{RI, RII, RIII}}{\sim} \bigcirc.$$

第 7 章で述べたように,実際はライデマイスターはもっと難しいことを示したのだが,この本では,これも「1927 年のライデマイスターの定理」と呼ぶことにする.

8.3 学生さんからの質問

1927 年のライデマイスターの定理に対し,2012 年から 2013 年に変わる前後の早稲田キャンパスで瀧村祐介氏(早稲田大学教育学研究科谷山研究室修士 1 年,当時)が筆者にした質問は何であったか,もう一度整理しよう.

P を結び目の影とする.

1. $P \stackrel{\text{RII, RIII}}{\sim} \bigcirc$ となる P は知られている.

では,

2. $P \stackrel{\text{RI, RII}}{\sim} \bigcirc$ となる P はすぐに見分けられるか?
3. $P \stackrel{\text{RI, RIII}}{\sim} \bigcirc$ となる P はすぐに見分けられるか?

第 8 章では,上記項目 1 の理解を目指す.では読者のために本章の目標(定理 8.2)を挙げておく.定理 8.2 の文章中にさりげなく使われている言葉「回転数」が慣れている人にとっても少し違う意味で使われているが[1],本文中で定義するのでご心配なく.

定理 8.2

P を球面上の結び目の影とする.

---

[1] すなわち,通常「回転数」というと平面曲線に対するものだが,球面上の結び目の影に対して「回転数」を定義している.

$$P \overset{\text{RII, RIII}}{\sim} \bigcirc \Longleftrightarrow P \text{ の回転数が 1}.$$

　球面上の回転数を定義するために，平面曲線の**回転数**の定義を第7章から引用しておく．

> 　ここで結び目の影をたどることを考えよう．任意のスタート地点からいくつかの交点(イメージとしては道路の十字路の交差点)を横切り，もとの地点に戻る．このとき，スタートしてから最初にもとの地点に戻るまでに，結果的にどのくらいの角度方向を変えたのかを記録しておくものとする．このとき，最初と最後は同じ方向を向いているので，角度は 360 度の整数倍になっているはずである．この整数(この連載ではその絶対値)を**回転数**と呼ぶ．

8.4 回転数がRⅡとRⅢで不変であること

　この回転数という概念にもう少し馴染んでおこう．もしあなたが平面曲線をたどって，回転数のカウントをするならば，どのようなカウントをするだろうか？　方位磁石をずっと睨んでいてもよいのだが，折れ線でまっすぐ進んでいるときは，ほかの景色を見ていてよいはずだ．そして，360 度の倍数とわかっているなら，真北方向を北西から北東に通過したか，北東から北西に通過したかだけ記録しておけばよく，真北の方向を通過しなかったときは記録をしなくてもよいことに気づくだろう．実は，回転数を考えるにあたっては，本書の設定である，折れ線で考えても滑らかな線で考えても変わらないのだが，滑らかな線も語るにはもっと準備が必要になるので，説明は他著に譲り，ここでは説明しない(例：図 8.2)．上記の真北方向に関する注意から，次のことも容易に理解されよう．

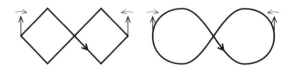

図 8.2　真北方向を通過する点(回転数は 0)．折れ線で考える場合(左)と滑らかな線で考える場合(右)．

定理 8.3

C と C' を平面曲線とする．C と C' が RII と RIII の有限列で移り合うならば，C と C' の回転数は等しい．

証明

RII を定義する円盤の境界上にある，つながった各 2 点（合計 4 点）は RII の前後で変わらない．さらに，各 2 点の間を移動しても自己交差は一つもない（図 8.3）．このため，RII は回転数のカウントを変えることに影響しない．RIII についても円盤の境界上の 6 点とそれぞれの 2 点間に着目して同じ議論を行う． □

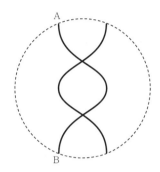

図 8.3 2 点 (A と B) の間のみに着目すると自己交差が発生しない．

8.5 平面曲線のRIIとRIIIにおける分類

実は定理 8.3 の逆も言えるので，定理 8.3 は定理 8.4 にバージョンアップされる．これは回転数が平面曲線を，RII と RIII による同一視の下で完全に分類したということを意味する．1937 年のホイットニーの回転数に関する論文を目安にすると，我々は 1927 年からおおよそ 1937 年までを（せかせかと自転車をこぎながら）旅していることになる[2]．

定理とその証明を述べる前にもう一度 1 辺形の定義をしておく．結び目の影をたどることを考える．ある交点から出発して初めて次の交点に出会うまでに相当する，結び目の影の一部分を，端の交点込みで**アーク**と呼ぶ．アー

---

[2] すなわち 10 年ほどを無理して自転車をこいでいる．自転車をこぐときには少し足に負荷がかかるので，一気にこぐことができないからといって不安がってはいけない．数学の旅の場合は，脳みそに負荷がかかると想像されるからだ．くたびれたら自転車から降りて景色を見渡し，また乗ってみよう．

ク1個で，ある円盤の境界になっているとき，それを1辺形と呼ぶ．

定理 8.4

C と C' を平面曲線とする．

　　C と C' が RII と RIII の有限列で移り合う

　　$\iff C$ と C' の回転数は等しい．

特に任意の平面曲線は RII と RIII によって図 8.4 の曲線列 C_k (k は非負整数)のいずれか1つに移る．ただし，C_k の回転数は k である．

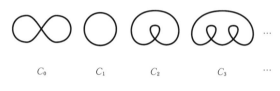

図 8.4 C_k (k は非負整数)

定理 8.4 は，我々も初等的な方法で示すことができる．

証明

「RII と RIII のみを有限回使って，任意の平面曲線 C が C_k のどれかに移ること(★)」が示せたとする．すると，$\{C_k\}$ の要素がすべて回転数が異なることから，定理 8.3 より C が回転数 k ならば，C_k にしか移り合わないことがわかる．回転数 k の2曲線 C と C' が C_k を通って RII と RIII の有限列で移り合うことが言えるので，定理 8.3 の逆が得られ，証明が完成する．

さて，(★)を示そう．そのために**ティアドロップ円盤**という概念を使う．ティアドロップ円盤とは，有限個の部分曲線が通過していることを無視したときの，ある1辺形とその内部のことである．すなわち，図 8.5 によってティアドロップ円盤は表される．平面曲線においては，このティアドロップ円盤は必ず存在する(以下，どうして存在するのかを説明する)．まず，平面曲線をたどると，すべての交点は必ず2回通過することに注意しよう．今，ある交点 A_0 に着目し，A_0 を出発し，曲線をたどって A_0 に初めて戻ることを考える．すると，ティアドロ

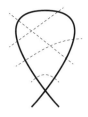

図 8.5 ティアドロップ円盤(破線は有限個の部分曲線が通過してもよいことを表している)

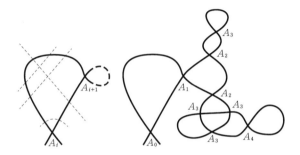

図 8.6 交点 A_{i+1} ($i \geqq 0$) なる自己交差を持ち，ティアドロップ円盤になっていない円盤(左図)とその例(右図)

ップ円盤を作らないのは，A_i (今は $i=0$ の場合)に対して，図 8.6 の交点 A_{i+1} (今は A_1)のように自己交差している(すなわち，A_{i+1} から A_i を通らずに A_{i+1} に戻る)場合である．そこで，A_1 を起点として再び図 8.6 を考えるとき，対応する A_2 があるか見る．この操作を繰り返して列 $A_0, A_1, A_2, \cdots$ をつくる．もちろん，図 8.6 の右図に例として挙げたように，この列が一意的に定まるとは限らない．しかし，我々はその中の一つを勝手に選択することはできる．すると，交点は有限個であるからどこかで交点 A_{i+1} が見つからない A_i を起点として 1 周できる円盤がみつかる．これがティアドロップ円盤にほかならない．

このティアドロップ円盤をスライドさせる(図 8.7)．このときに一度も RI を含まないことがわかる．これは前章で「ライデマイスターの定理」を証明中，交点の上下の情報を描かずに場合分けしていたときのことを思い出すとわかる．あの場合分けの中で，$\mathcal{RI}$(ここでは平面曲線なので RI)を使うケースが，今，ここでティアドロップ円盤の

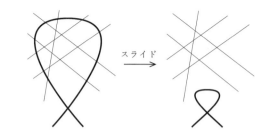

図 8.7 スライド

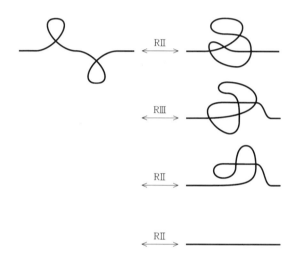

図 8.8 RⅡ と RⅢ からなる変形

境界をスライドさせていくときに現れないからである．スライドし続けると，ティアドロップ円盤の境界には，一つしか交点がないようにできる．ティアドロップ円盤を見つけるたびに，このプロセスにより，境界上に交点が一つしかないティアドロップ円盤に変えていく．

交点は有限個であるから，その境界に交点が一つしかないようなティアドロップ円盤（このときの境界は1辺形）ばかりからなる平面曲線にいつもできる．さらに図 8.8 を使うと[3]，これで証明が完成していることがわかる． □

球面上の結び目の影についてはどうだろうか？ 球面に（結び目の影が乗

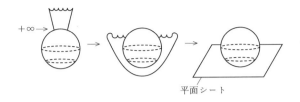

図 8.9　てるてる坊主と無限大点との関係

っていない）1 点の穴をあけて，有界でない領域とすれば，平面とみなせる（てるてる坊主をつくるときを思い浮かべて欲しい（図 8.9））．その 1 点を「無限大点」と呼ぶことにすれば，無限大点をアークが通過する局所変形のみを考察すればよいことになる．この考えを数学として実現してみよう（これは有名な「立体射影」の考え方からトポロジー的な一面を切り取ったものである）．球面上の結び目の影 P から，P がなす領域を勝手に選んでそこに任意に無限大点を選んだとき，P に対応する平面曲線を C_P と書くことにする．

命題 8.1

P と P' を球面上の結び目の影とし，C_P と $C_{P'}$ を対応する平面曲線とする．また，図 8.10 で定義される変形を Ω と書くことにする．

$P \overset{\text{RII, RIII}}{\sim} P' \iff C_P$ と $C_{P'}$ が RII, RIII, Ω の有限列で移り合う．

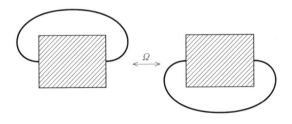

図 8.10　変形 Ω（斜線内はまったく同じ図）

証明

　　立体射影を用いて，平面における無限大点を含む領域と球面上のある領域 R_∞ を対応させる．そこでは Ω 1 回と R_∞ 内のある $\overline{\Delta}$ の有限の列に対応させることができる．反対に，R_∞ 内のある $\overline{\Delta}$ 1 回は Ω とみ

3）　図 8.16 の 2 行目でも使われる変形．

なすことができる(図 8.11, 例：図 8.12).　　　　　　　　　□

　このΩは回転数をどれくらい変えるだろうか？　まず平面上の閉じた曲線 C_P を思い浮かべて欲しい．そして，C_P に任意に向きをつける．さらに各交

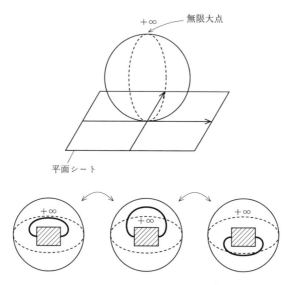

図 8.11　変形 Ω を球面上の移動としてみなす．

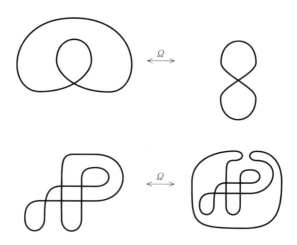

図 8.12　Ω の例

点を局所的に図8.13のようにして置き換えを行う．するとどうだろう．回転数とは，実は図8.13の操作で交点をすべてなくし終わった後，左回りの円周の総数から右回りの円周の総数を差し引いた数の絶対値であることに気づくだろう（例：図8.14）．さらに，回転数の偶奇は円周の個数の偶奇と等しい．このことから Ω は回転数の偶奇（＝円周の個数の偶奇）を変えていないことに気づくだろう（補題8.1，例：図8.14と図8.15）．

補題 8.1

Ω は平面曲線の回転数の偶奇を変えない．

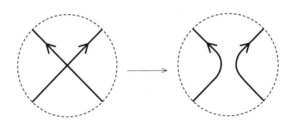

図 8.13　局所的な図の置き換え

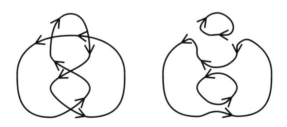

図 8.14　交点をすべてなくした後の回転数の数え方（この場合は 1）

図 8.15　図8.14において，ある Ω を1回行った場合，円周の個数（の偶奇）は変わらない．

8.6 球面上の結び目の影に対する回転数

前節により,次の定義が考えられる.

定義 8.2

P を球面上の結び目の影とし,C_P を対応する平面曲線とする.

C_P の回転数が奇数 $\Longrightarrow P$ の回転数が 1,

C_P の回転数が偶数 $\Longrightarrow P$ の回転数が 0

として**球面上の結び目の影に対する回転数** $w(P)$ を定義する.命題 8.1 から C_P の無限大点の取り方によらずに $w(P)$ が一意的に決まる.

定理 8.4 の証明と命題 8.1 により,次が言えている.これこそが結び目の影たちの RII, RIII による完全な分類定理である.

定理 8.5

P と P' を,球面上の結び目の影とする.
$$P \overset{\text{RII, RIII}}{\sim} P' \Longleftrightarrow w(P) = w(P').$$

証明

($\Rightarrow$) $P \overset{\text{RII, RIII}}{\sim} P'$ ならば,命題 8.1 から $C_P \overset{\text{RII, RIII}}{\sim} C_{P'}$. このとき補題 8.1 を合わせると $w(P) = w(P')$ がわかる.

($\Leftarrow$) 定理 8.4 の証明から,C_P と $C_{P'}$ は RII と RIII を有限回使うと,それぞれ図 8.4 で定義した $\{C_k\}$ のうち,ある C_k に変形できる.一方,集合 $\{C_k\}$ の要素たちは,Ω, RII, RIII の列により,

k が偶数 $\Longrightarrow C_k \overset{\Omega, \text{RII, RIII}}{\sim} C_0$, $\quad k$ が奇数 $\Longrightarrow C_k \overset{\Omega, \text{RII, RIII}}{\sim} C_1$

となることが図を動かすことでわかる(例えば図 8.16 を見よ).

ここで $w(P) = w(P')$ より,C_P と $C_{P'}$ は Ω, RII, RIII の有限列でともに C_0 か,ともに C_1 へ変形される.以上から $P \overset{\text{RII, RIII}}{\sim} P'$. □

定理 8.2 の証明

定理 8.5 の P' に○を代入すれば良い. □

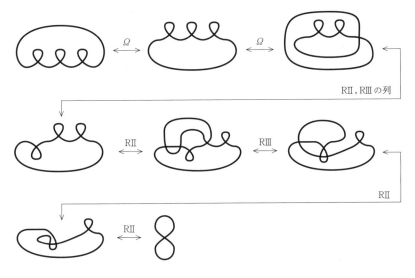

図 8.16　C_4 が C_0 に移る様子

8.7　本章のまとめ

さて，第 8 章の内容はどうだったであろうか？　腕に覚えのある人には，内容を冗長に述べているようであったが，トポロジーの考え方に初めて触れる読者には良い準備運動になったのではないかとおもう．いくら複雑な曲線であっても，回転数(**不変量**と呼ばれるものの一例)によって完全に RII と RIII を使って移るか移らないかが見分けられる．まるで混迷な状況を打開するがごとく，である．こういった局面は数学の力の見せどころである．

初めて海外にでるときの気持ちはどのようなものだろうか？　あれも必要，これも必要では？　と不安と期待が入り混じった気持ちになるだろう[4]．不変量という数学的な考え方は，まだまだ未開拓な幾何学の謎に挑むときにはぜひとも持っていてほしい道具である．そんな気持ちで思いつくかぎり難しそうな曲線を紙に描き，回転数を計算してみてほしい．

---

4)　といっても大学初年級の読者はすぐに海外を見る必要はないので焦らないでほしい．最初の論文を書いてからでも遅くはない．例えば，筆者が最初に海外に出たのは，自分なりの不変量を作り，初めて数学で公的研究費をいただけた後のことである．

第9章 1937年から1997年への旅

本章では球面上の結び目の影についてのみ話をしたいので,「結び目の影」と書いてあったら,「球面上の結び目の影」のことだと思って読み進めていただきたい.

9.1 1997年までの旅

前2章は古典的な内容で,有名な教科書に載っているようなことだった.しかし,本章からは,あまり教科書では見かけない内容(1997年,2013年の論文に書かれた内容)を書いていく.すなわち,20世紀末の内容まで一気に迫っていきたいと思う[1].今回の目標は定理9.1である.定理9.1を述べるための言葉の準備が定義9.1である.

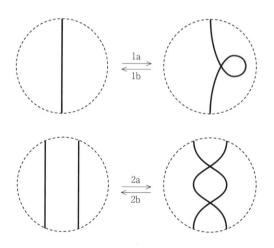

図 9.1　1a, 1b, 2a, 2b

定義 9.1

RI のうち交点を増やす方向を 1a, 減らす方向を 1b とする. RII のうち交点を増やす方向を 2a, 減らす方向を 2b とする(図 9.1, 前ページ).

定理 9.1

P を結び目の影とする.

$P \overset{\text{RI, RII}}{\sim} \bigcirc \iff P$ から 1b と 2b のみを用いて, 任意の方法で 1 辺形と 2 辺形を減らせるだけ減らしたものが $\bigcirc$ となる.

9.2 RI, RII による結び目の影の分類定理

定理 9.1 を含む, 次の定理 9.2 が知られている(ホバノフの定理). 定理 9.2 を述べるために言葉の準備をしておこう(定義 9.2, 9.3).

定義 9.2

結び目の影 P に対して, P を 1b, 2b のみを任意に使って 1 辺形と 2 辺形が 1 つもなくなるようにしたものを P' と書く.

定義 9.3

2 つの結び目の影 P と P' が有限回の $\overline{\Delta}$ によって移り合うとき, $P = P'$ と表記することにする[2](図 9.2).

図 9.2 $\overline{\Delta}$ (点線 c のようなものが入っても入らなくてもよい)

---

1) 誤解を避けるために付記するが, この期間は結び目理論を含む, トポロジー理論だけをみても数学的な歴史が激しく動いた 60 年である. しかしここでは, あくまでライデマイスター移動に関する平面もしくは球面曲線の理論に特化して話を進めているので, 「60 年ひとっ飛び」の状況になっている.
2) このとき P と P' は球面アイソトピック(isotopic)であるという.

定理 9.2

P と P' を結び目の影とする．
$$P \overset{\text{RI, RII}}{\sim} P' \iff P^r = P'^r.$$

$P' = \bigcirc$ とすると，定理 9.2 から定理 9.1 が得られることがわかるので，以下，定理 9.2 の証明に集中する．ここでは 2013 年の伊藤-瀧村による文献に従って証明する．

証明に入る前に「アーク」と「n 辺形」という言葉を復習しておく．結び目の影をたどることを考える．ある交点から初めて出会う交点までを (端の 1 つまたは 2 つの交点込みで)「アーク」と呼ぶ．また，n 個のアークがなす n 角形を「n 辺形」と呼ぶこととする．

9.3　定理 9.2 の証明

次の命題 9.1 を示せば定理 9.2 が得られる．

命題 9.1

任意に結び目の影 P と P' が与えられたとする．ただし，P は 1 辺形も 2 辺形も含まないとする．このとき次が成り立つ．
$$P \overset{\text{RI, RII}}{\sim} P' \iff P \text{ から } P' \text{ まで } 1a, 2a \text{ の組合せからなる有限列が存在する (空列を含む)}.$$

9.4　命題 9.1 から定理 9.2

先に命題 9.1 から定理 9.2 を示しておこう．

証明

($\Rightarrow$) $P \overset{\text{RI, RII}}{\sim} P'$ ならば，P^r と P'^r の定義から $P^r \overset{\text{RI, RII}}{\sim} P'^r$ である．このとき命題 9.1 より，P^r から P'^r まで $1a, 2a$ の組合せからなる有限列 s が存在する．もし，この有限列 s が空列でないならば，P'^r には 1 辺形か 2 辺形が現れるはずである．しかし，P'^r の定義から P'^r には 1

辺形も 2 辺形も現れない．したがって，有限列 s は空列である．すなわち，$P' = P''$.

（⇐）P' の定義により，P' から 1a, 2a の列で P となる．P'' についても同様である．これにより，条件 $P' = P''$ を使えば，証明したいことは示される． □

9.5 命題9.1の証明

証明とは銘打ったものの，ここでは「証明のストーリーを理解すること」に重点をおいて説明をする．形式的に整頓された証明にまとめるのは読者の課題として残すこととする．RI, RII の定義から（⇐）は直ちにわかるので以下，（⇒）を示す．

まず，仮定から $P \overset{\text{RI, RII}}{\sim} P'$ である．よって結び目の影 P から P' への RI と RII からなる有限列が存在する．P から変形を始めて最初に 1b もしくは 2b が現れるとき，1b もしくは 2b を 1 つ前の 1b もしくは 2b とできる，または消すことができることを示そう．場合は 2×2 通りで，次の 4 つの場合しかないことに気づく．

- Case 1：(1a, 2a の列)(1a)(1b)⋯
- Case 2：(1a, 2a の列)(2a)(1b)⋯
- Case 3：(1a, 2a の列)(1a)(2b)⋯
- Case 4：(1a, 2a の列)(2a)(2b)⋯

9.5.1 ● Case 1

初めて 1b が現れたときに消去される 1 辺形に対してそれを境界とする境界付きの円盤を y，その直前にできる 1 辺形に対してそれを境界とする境界付きの円盤を x とする（図 9.3，次ページ）．x と y が共通部分があるときを Case 1-(i)，共通部分がないときを Case 1-(ii) とする．以下，それぞれについて詳しくみていく．

Case 1-(i)

この場合 (1a)(1b) が現れるときは限定されていて，図 9.4 の場合しかない

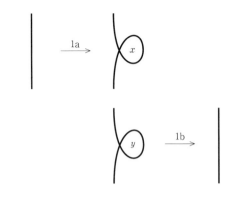

図 9.3 Case 1

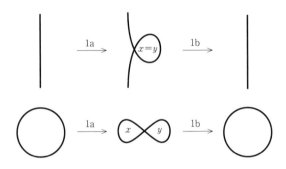

図 9.4 Case 1-(i)

(2つの1辺形 x と y がアークや，アークの端点を共有する可能性を考えよ)．さらにこの図のように(1a)(1b)は消去できる(すなわち，(1a)(1b)をなかったものとみなせるのである)．これを図式的に表すと

$$(1a, 2a \text{ の列})(1a)(1b) \longrightarrow (1a, 2a \text{ の列})$$

となる．

Case 1-(ii)

この場合は1辺形の円盤 x と y が離れているときであるから，直観的に順番を交換できると理解できるであろう．この直観を数学にしてみよう．

初めての 1b が n 回目の変形として登場したとする．それはスタートの P を $P = P_0$ として，局所変形を施すごとに付番すれば，P_{n-1} から P_n への局所

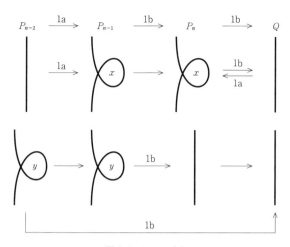

図 9.5 Case 1-(ii)

変形とみなせる．さて，仮定より P_{n-2} から P_{n-1} への局所変形は 1a だとしている．読者は図 9.3 に絵を描き加えることで図 9.5 のうち，P_{n-2} から P_n の 3 列を書き起こせるはずである．そうして P_n の次に x を消す 1b を実行して結び目の影 Q をつくる．すると，P_{n-2} から Q へ 1b で局所変形し，1a で P_n へたどる別ルートができるはずだ．このことを別ルートによる変形として矢印で表すと，図式的に次のように表示できる．

$$(1a, 2a \text{ の列})(1a)(1b) \longrightarrow (1a, 2a \text{ の列})(1b)(1a)$$

以上から，Case 1 では (1a)(1b) が消去できるか，(1b)(1a) に入れ替えられる．

余談 (1)

さて，読者の皆さんは Case 1 の証明をどのように感じたであろうか？ 参考として例え話を紹介しておこう．先を進みたい人は「余談」を飛ばしても証明に影響はないので，ご心配なく．

例え話

X さんと Y さんは多少の知り合いではあるものの，友人というわけではない（もちろん互いの電話番号もメールアドレスも知らない）．ある日，X さんは数学の本を探しに出かけ，運動を欠かさない Y さんは日課の散歩のため，出かけたとする．X さんは目的の本を探して書

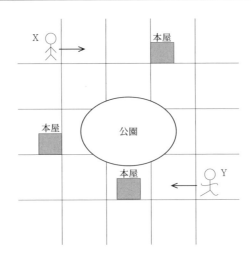

図 9.6 遠く離れた X さんと Y さん

店から書店へと歩いていく．一方，Y さんは早歩きのできるコースを選択し，サッサッサと歩いていく（図 9.6）．ただし，2 人とも携帯電話などの位置探知装置や遠隔通信装置を持っていないとする．

- Case (i)：X さんと Y さんが近くを歩いていて，すれ違う場合，X さんと Y さんは（知り合いであるため）会釈くらいは交わすであろう．すなわち，何らかの相互作用が起きるわけである．
- Case (ii)：X さんと Y さんが遠く離れていて，特に関係のないところを歩いていたら，X さんと Y さんの間には何事も起きない．

落ち着いて考えると，この話，なんとなく前記の Case 1-(i) と Case 1-(ii) に似た話ではないだろうか[3]？

9.5.2 ● Case 2

Case 1 の方法を踏襲する．

初めて 1b が現れたときと，その 1 つ前の操作で生成・消滅する 2 辺形と 1

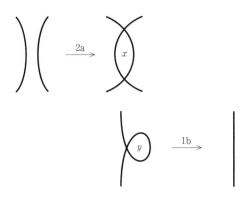

図 9.7　Case 2

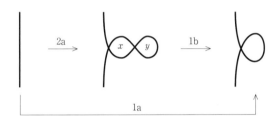

図 9.8　Case 2-(i)

辺形がなす境界付き円盤をそれぞれ x, y とする(図 9.7)．x と y に共通部分があるときを Case 2-(i)，ないときを Case 2-(ii) とする．

Case 2-(i)

この場合 (2a)(1b) が現れるときは図 9.8 の場合しかない(x と y がアークあるいは，アークの端点を共有する可能性を考えよ)．この場合，図 9.8 のように (2a)(1b) は 1a という別ルートに置き換えられる．図式的に書くと次のようになる．

$$(1a, 2a \text{ の列})(2a)(1b) \longrightarrow (1a, 2a \text{ の列})(1a)$$

Case 2-(ii)

Case 1 のときと同じ文言を繰り返すことになるが，復習の意味合いも込め

3）実は瀧村氏と私が谷山教授の前で命題 9.1 の証明をつけたときは，このような話も織り交ぜながら楽しく行った．

て記載する.

初めての 1b が n 回目の変形として現れたとする.スタートの P を P_0 としてライデマイスター移動 1 回ごとに付番すると,初めての 1b は P_{n-1} から P_n への局所変形である.このとき,仮定より P_{n-2} から P_{n-1} への局所変形は 2a となる.ここで P_{n-2} から 1b で移り,P_n から 2b で移るものを探してみよう.すると,結果的に図 9.9 のように (2a)(1b) に代わる別ルートが見つかる.すなわち,

$$(1a, 2a \text{ の列})(2a)(1b) \longrightarrow (1a, 2a \text{ の列})(1b)(2a)$$

以上から,Case 2 では (2a)(1b) はセットで (1a) に置き換えられるか,(1b)(2a) と入れ替えられる.

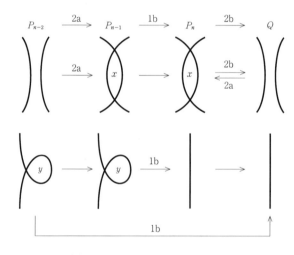

図 9.9 Case 2-(ii). Q は P_n の x を消す 2b を実行して得た結び目の影.

余談(2)

X さんと Y さんは友人ではなかったものの,実はクラスメイトであった.しかし,新たに登場の Z さんは違うクラスである.ところで,この学校は数学の学習を兼ねて,クラスのトレードマークを n 辺形で表しているらしい(どんなマークかは想像してみてほしい).X さんと Y さんは 1 組で,Z さんは 2 組である.そして,X さんが書店を巡り,Y さんが早歩きをしているときに,Z さんは妹の買い物に付き合っていた.Z さんも X と Y さんにとっ

ては知人ではあるが，友人というわけではない．しかし遭遇したら会釈ぐらいはするであろう．さて，読者は余談(1)の続きを創作して，余談(2)を Case 2 と対応する話にできるだろうか？

9.5.3 ● Case 3

Case 3, Case 4 も Case 1 と Case 2 と同様の方法で証明していくので簡潔な記載にとどめておく．

まず，2b で消される 2 辺形を境界とする境界付き円盤を y，その 1 つ前の 1a で生成される 1 辺形を境界とする境界付き円盤を x とする（図 9.10）．

Case 3-(i)

x と y が共通部分を持つときは図 9.11 の中心の図にある場合のみ．このとき，(1a)(2b) は 1b に置き換わるので記号 b をもつ局所変形が 1 つ前に移

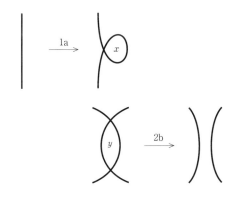

図 9.10　Case 3

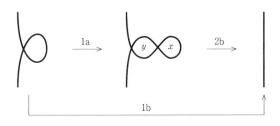

図 9.11　Case 3-(i)

動する．すなわち，

$$(1a, 2a \text{ の列})(1a)(2b) \longrightarrow (1a, 2a \text{ の列})(1b)$$

となる．

Case 3-(ii)

x と y が共通部分をもたないとき，図 9.12 を参照すればわかるように，$(1a)(2b)$ は結び目の影 Q を考えることにより，別ルート $(2b)(1a)$ に置き換わる．すなわち，

$$(1a, 2a \text{ の列})(1a)(2b) \longrightarrow (1a, 2a \text{ の列})(2b)(1a)$$

となる．以上から，Case 3 では，$(1a)(2b)$ はセットで $(1b)$ に置き換えられるか，$(2b)(1a)$ と入れ替えられる．

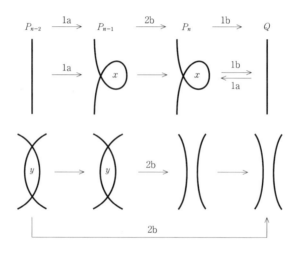

図 9.12 Case 3-(ii)

余談（3）

読者はそろそろこの手の議論に慣れてきたであろうか？「この手の議論」とは，パターン a と b が混在しているときに，入れ替え操作が局所的にどのように起きるか，という分析である．ある列を考えて，初めて違うパターン b が出てきたとき，シンボリックに次のように書いてみよう：

$$aaa \cdots ab$$

このとき，aとbが局所的に1つ左に移動できるか，それとも消せるか？という議論である．実は，筆者も改めて振り返ってみると，学生時代にこの手の議論(証明)を行った覚えがある．読者も数学の中でどんな場面で出てくるか探してみるのも面白い．ただ，高校生や大学生は，そんな暇もなく忙しく過ごしているだろうから[4]，「ちょっと気に留めておくだけでも，これからの数学ライフが違うかもしれない」という程度に捉えてほしい．

9.5.4●Case 4

2bで消滅する2辺形を境界に持つ境界付き円盤をy，その1つ前の局所変形である2aで生成する2辺形を境界とする境界付き円盤をxとする(図9.13)．

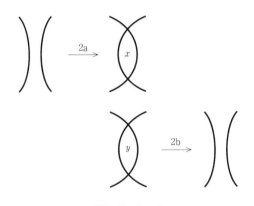

図9.13 Case 4

Case 4-(i)

xとyが共通部分をもつ場合，図9.14(次ページ)の中央の図にある場合に限られる．しかし，この場合は図9.14にあるように(2a)(2b)を消すことができる．すなわち，

(1a, 2aの列)(2a)(2b) ⟶ (1a, 2aの列).

---

4) よく学生時代は時間がある，というが，そういう時代はいつ頃のことなのであろうか？ 筆者の学部初年級時代，筆者のスケジュールは目一杯であった．やりたいことはたくさんあったのだが，課題やレポート以外の勉強計画を理想通りに進めることは難しかった．さらにほかの目的で時間をつくるということは目の前の数学に対して手を抜くことのような気がしたのである．未解決問題を脇に置きつつも，お茶の味を楽しめる精神的余裕ができたのは，ごく近年のことである．

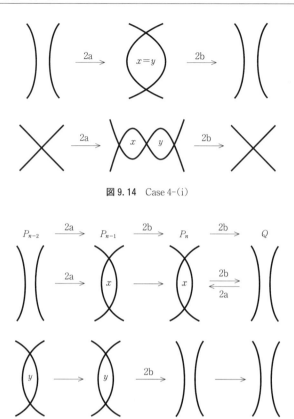

図 9.14　Case 4-(i)

図 9.15　Case 4-(ii)

Case 4-(ii)

x と y の共通部分がない場合，図 9.15 にあるように (2a)(2b) は，新たに結び目の影 Q を考えることで (2b)(2a) に置き換えられる．すなわち，

(1a, 2a の列)(2a)(2b) ⟶ (1a, 2a の列)(2b)(2a)

となる．以上から Case 4 では (2a)(2b) を消去できるか，(2b)(2a) に入れ替えられる．

余談 (4)

ここまできて，結論がどうなるかは数学者ならばすぐにわかってしまうの

で，通常はこのあとは書かないことが多いようである．よく言う，数学の教科書に現れる「冗長となるので省略する」という文句である．筆者は高校生や大学学部生の頃,「冗長でも書いてほしい」と願ったのだが，書き手になっている現在，紙幅の都合だけでなく，ひょっとすると数学者の美的感覚から書かない，という面もあるのではないかと感ずるようになった．言い換えるならば，それは，素晴らしいボレロが終わった直後，皆さんは本当にアンコールで(ほかの何かを)聴きたいかどうか，ということである．

9.5.5●証明の詰め

1b と 2b をまとめて b-move と呼ぶことにしよう．Case 1 から Case 4 をまとめると，初めて b-move が現れたときに，その b-move は消すことができるか，1つ前に移動できる(各 Case の末尾を見よ)．これを繰り返すと，もし，b-move が消えないならば，1番最初まで移動することになるが，局所変形列のスタートである結び目の影 P は1辺形も2辺形ももたないので最初に b-move が生じる可能性はない．したがって1番最初に移動しようとする際に b-move は必ず消えている．

以下，初めて現れる b-move を次々に消していくと b-move は有限個であるから有限回の操作で b-move をすべて消すことができる．結果として P から b-move が現れない局所変形列(= 1a, 2a のみからなる有限列)ができあがる．これで証明が完成する． □

9.6 補足

定理 9.1 では RI と RII で移りあう結び目の影の完全な分類を与えている．ところで，この証明に RII に現れる2辺形の種類は考慮しなかったが，図 9.1 の2辺形を定義する円盤の境界上にある4点のつながり方を考えると2通り考えられる(図 9.16，次ページ).

この2通りに対応した2辺形を，それぞれ strong 2辺形, weak 2辺形と呼ぶ．上記において現れる P' や Case 1-4 の2辺形を strong または weak の一方に限定して考えていくと，RI と strong RII (または weak RII)で移り合う結び目の影の完全な分類をも与えていることがわかるであろう．このことは，伊藤-瀧村が RI と strong RII の不変量を(分類すること以外の興味も持

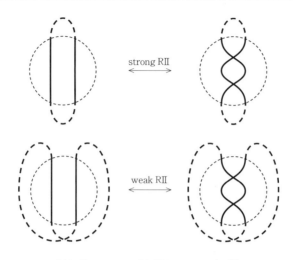

図 9.16 strong RII（上段）と weak RII（下段）

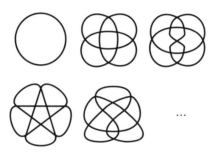

図 9.17 RI, RII の有限列では互いに移り合わない結び目の影たち

って）導入した際，前置きとして記述している[40]．最後に P^r の例を挙げておく（図 9.17）．

第10章
1997年から2015年への旅

本章では球面上の結び目の影のみを扱うため，「結び目の影」といったら，「球面上の結び目の影」だと思って読み進めていただきたい．

10.1 未解決問題へ

ここまで結び目の影のライデマイスター移動（図10.1）のうち，(RII, RIII) の組み合わせあるいは (RI, RII) に着目した分類問題をみてきた．そして，いよいよ (RI, RIII) に着目した分類を考えていく．ここで，次の未解決問題を挙げておく．本書では引き続き，交点のない結び目の影を〇と記載することとする．

未解決問題1

P を結び目の影とする．RI, RIII を有限回使用することで〇にできる P を簡単に判別する方法を見つけよ．言い換えると，次式の「?」に相当する簡潔な条件を見つけよ，ということになる．
$$P \overset{\text{RI, RIII}}{\sim} \bigcirc \iff ?$$

10.2 2種類のRIII

未解決問題1[1])を瀧村祐介氏（当時，早稲田大学谷山公規研究室修士1年）に尋ねられた筆者は，質問の答えが1週間ほど考えてもわからなかった．そこでとりあえず，RIII を weak RIII, strong RIII の2つの場合に分けて，それぞれを RI と組ませて問題のミニチュア版を考えることにした．

---

1) 当時，筆者も瀧村氏も未解決問題とは知らなかった．

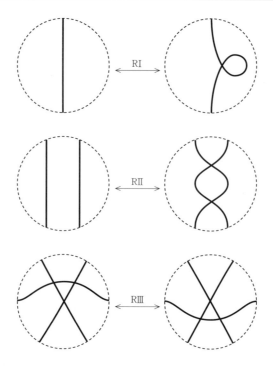

図 10.1　RI, RII, RIII

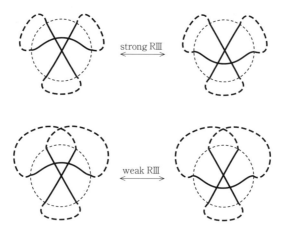

図 10.2　strong RIII と weak RIII

RIIIは境界上の6点を固定した円盤の取り替え操作であるのだが，円盤の外側で6点がどのようにつながっているかを考えることで図10.2(前ページ)のように2つに分けられる．太い点線は6点のつながり方を表している．

10.3 (RI, weak RIII)と(RI, strong RIII)

RIとweak RIIIに関しては，質問を受けて程なく結び目を経由して不変量と呼ばれるものをつくる方法を思いついたことを瀧村氏と谷山教授に話すと，その考えで問題が解けていることがわかった[41]．

定理10.1
Pを結び目の影とする．交点を減らすRIを1bと書くことにする．
$P \overset{\text{RI, weak RIII}}{\sim} \bigcirc \iff P$は有限回の1bで$\bigcirc$となる．

RIとstrong RIIIに関してはさらに時間を要し，組合せ的な方法を駆使して2013年の夏に解決した[42]．連結和という言葉を定義してから，結果を述べる．

定義10.1
PとP'を2つの結び目の影とする．今，Pをたどるときに，ある交点から初めて出会う交点までをアークと呼ぶことにしてaと書くことにする．同様の定義によりP'のあるアークをa'とする．aとa'に対して，図10.3の局所変形をした後に得られる結び目の影を(a, a')に付随するPとP'の連結和と呼び，$P \#_{(a,a')} P'$と書く．PとP'の連結和は(a, a')の選び方，図10.3の局所変形の仕方に依存して決まるのだが，文脈に応じて，どれを選んでいるか特に表示しないときは単に

PとP' ／ PとP'の連結和

図10.3 PとP'の連結和

$P \# P'$ と書く.

上記の連結和を繰り返した際の定義もしておく. 結び目の影からなる集合を S とする. S の要素を重複を許して任意に有限個(例えば k 個)取り出し, 任意に付番する $(i = 1, 2, \ldots)$.

P_1, $P_1 \# P_2$, $(P_1 \# P_2) \# P_3$, $((P_1 \# P_2) \# P_3) \# P_4$, $\cdots$

のごとく順番ごとにアークを選び $k-1$ $(k \geqq 1)$ 回連結和を行ったものをいずれも**集合 S からなる連結和**と呼ぶ. これも一意的には定まらない. 要素の取り出し, 付番およびアークの選びかたに依存する. 文脈に応じて取り出した要素の付番を固定して, $P_1 \# P_2 \# \cdots \# P_k$ と記すことを許すものとする(例: 図 10.4).

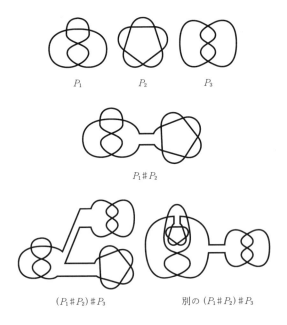

図 10.4 連結和 $(P_1 \# P_2) \# P_3$ の具体例

定理 10.2

P を結び目の影とする.

$P \overset{\text{RI, strong RIII}}{\sim} \bigcirc \iff P$ は図 10.5 (次ページ) からなる任意の連結和.

図 10.5　3 つの結び目の影からなる集合

定理 10.2 は [42] で発表(初出)した(具体例：図 10.6).

図 10.6　RI と strong RIII で○になる例

10.4 コード図

さて，この本では解決した当初の方法[2]と異なる方法で証明する．すなわち，不変量というものを構成することで定理 10.1 と定理 10.2 を証明する[43]．証明の準備のために，コード図という概念を定義し説明する．

定義 10.2

コード図とは，1 つの円周とその円周上に 2 つずつペアになった偶数個の点をとったもので，各点は少なくとも 1 つのペアに属し，2 つ以上のペアに属さないという条件を満たしているものである．通常各ペアは，ペアを端点とする線分(コードと呼ぶ)で結んで表示をする(誤解を生まない限りコードは多少たわんでもよい)．円周上のペアをペアごとに異なる文字(文字として自然数を用いることが多い)でラベル付けすることを考える．ラベル付けごとに文字集合をもってくるものとする．このとき別のラベル付けをしてあっても文字の取り替えを除いて一致するもの，またラベル付けを時計回りに読んだときと反時計回りに読んだときに文字の取り替えを除いて一致するもの，いずれ

---

[2] 当初，定理 10.1 では，結び目の影でなく，結び目射影図を経由して証明し，また定理 10.2 では，より組合せ的な議論を駆使した．

も同値なコード図とする[3]．

結び目の影が1つ与えられたとき，その影をちょうど（交点以外の好きな場所からスタートして）1回たどることを考える．その際，交点を通るごとに順番に，ある円周上に反時計回りに（あるいは時計回りを選んでも良い）点を打っていく．交点 d_1 の後に d_2 を通過したら，d_1 の隣に d_2 の点を打つ．最後まで点を取り終わると，偶数個の点が円周上に置かれることになる．最後に，同じ交点に対応する2点をペアとして，各ペアに勝手に番号を与えるとコード図となる．これを**結び目の影のコード図**と呼ぶ[4]．例として図 10.7 を挙げておく．ラベル付けの同一視を考え合わせると，例えば，コードの表示として図 10.8 のように見た目2通りの表示は同一のものとしているわけである．

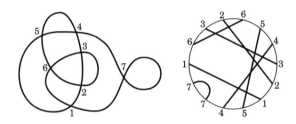

図 10.7 コード図の書き方の具体例．コード図の文字はラベル付けの一例である．

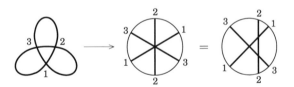

図 10.8 コード図の見た目が違ったように見えるとき

定義 10.3

x を ⊗, ⊛, ⊞ のいずれかとする．結び目の影 P のコード図に一部分として x がいくつ含まれているかをカウントし，その個数を $x(P)$ と書くことにする．

x を ⊗, ⊛, ⊞ のうちのいずれかとする．そのとき，2 つの結び目の影 P と P' の連結和を $P \# P'$ で表すことにすると，
$$x(P \# P') = x(P) + x(P')$$
が成り立つ．

例 10.1

図 10.7 中にある結び目の影 P において，
$$⊗(P) = 10, \quad ⊞(P) = 8, \quad ⊛(P) = 6.$$
また，図 10.9 の連結和 $P \# P'$ に対しては，
$$⊗(P \# P') = ⊗(P) + ⊗(P') = 3 + 4.$$

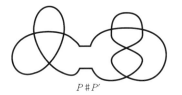

図 10.9　ある連結和

10.5 不変量の導入

ごく最近，命題 10.1，命題 10.2 で紹介する不変量を [43] や [42] において導入した．この第 II 部において，**不変量**とは，与えられた結び目の影に対して数を返す関数[5] I のことであり，かつ，結び目の影 P と P' の間に定義される，ある変形 $P \leftrightarrow P'$ に対して $I(P) = I(P')$ を満たすものとする．

命題 10.1

P を結び目の影とする．

---

3) 「同値な」という言い方は，本来「同値関係」という言葉を勉強しておかなくてはいけないので，その勉強を後回しにしたい人は「同じ」と読んでほしい．また，専門的な勉強をしている人向けに書くと，ラベル付けが 2 つ (w_1, w_2) すなわちペア集合 $\hat{p}$ から文字集合への写像(巡回語)が 2 つ $(w_1: \hat{p} \to \mathcal{A}_1, w_2: \hat{p} \to \mathcal{A}_2)$ あるときに文字の取り替え $f: \mathcal{A}_1 \to \mathcal{A}_2$ が存在して $w_2 = fw_1$，もしくは文字の取り替え $f: \mathcal{A}_1 \to \mathcal{A}_2$ と逆順のラベル付け $r: \mathcal{A}_1 \to \mathcal{A}_1$ が存在して $w_2 = frw_1$ となるときに w_1 と w_2 が同値だと定義している．

4) (数学に慣れている人向けのコメント)結び目の影は円周の球面へのはめ込み $h: S^1 \to S^2$ であるから，各交点 c に対する逆像 $h^{-1}(c) = \{p_1, p_2\}$ をペアとする，という定義である．

5) 大学以上の数学では数ばかりでなく，多項式や群を値として返す写像(関数を一般化した概念)も不変量と呼んだりする．

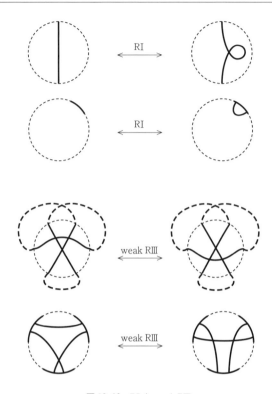

図 10.10 RI と weak RIII

$$X(P) = \begin{cases} 0 & (\bigotimes(P) = 0 \text{ のとき}) \\ 1 & (\bigotimes(P) \neq 0 \text{ のとき}) \end{cases}$$

は RI および weak RIII で不変である．

証明

RI および weak RIII をコード図の変形としてみると図 10.10 のようになる．図 10.10 のコード図における点線部分には任意の P に対する何らかの有限個のコード達がつながっていると考えていただきたい．すると，RI の変形は $\bigotimes(P)$ を変えないので $X(P)$ を変えないことがわかる．また，weak RIII を施す前後では，常に $\bigotimes$ を含んでおり，

X の値は 1 を保ち，変わらない． □

命題 10.2

P を結び目の影とする．
$$H(P) = \begin{cases} 0 & (\bigoplus(P) = 0 \text{ のとき}) \\ 1 & (\bigoplus(P) \neq 0 \text{ のとき}) \end{cases}$$
は RI および strong RIII で不変である．

証明

図 10.10 をみると RI で $\bigoplus$ の個数が変わらない．そこで次に strong RIII におけるコード図の変化を見てみる（図 10.11）．図 10.11 の実線で書いた 3 つのコードが変化するコードである．この 3 本のコードのどの 1 本も RIII コードと呼ぶことにする．図 10.11 のコード図における点線部分には任意の P に対する何らかの有限個のコードがつながっていると考えてほしい．$\bigotimes(P)$ が増える方向を s3a，減る方向を s3b と呼ぶことにする．$H(P)$ の不変性を示すために，次の(1)と(2)の場合を考える．

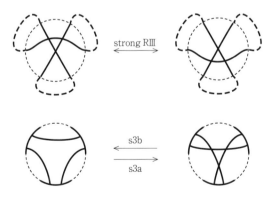

図 10.11　strong RIII におけるコード図の変化

（1） 1回のs3aを行う前に ⊕ が存在しない場合

この場合，異なる2つの点線部分に端点をもつコードが存在しない（もし存在したら ⊕ があるから）．また，仮定より1つの点線部分の中に6端点をもつ3本のコードが ⊕ をなすこともない．1回のs3aを施した後を見てみよう．まず，異なる2つの点線部分に端点をもつコードがないため，RⅢコードが参加して ⊕ を形成する可能性がない．RⅢコードと関係のない3本のコードが ⊕ をなすこともないので，⊕ が存在する可能性はすべてなくなる．

（2） 1回のs3bを行う前に ⊕ が存在しない場合

直前の段落のs3aをs3bと書き直せば，この場合の証明になっている．
以上から P と P' が1回のstrong RⅢで移り合うとしたとき，
$$H(P) = 0 \iff H(P') = 0$$
したがって
$$H(P) = 1 \iff H(P') = 1$$
これより主張は言えている． □

定理 10.3

P を結び目の影とする．
$$3⊕(P) - 3⊗(P) + ⊗(P)$$
は RI および strong RⅢ で不変である．

以下，この定理の $3⊕(P) - 3⊗(P) + ⊗(P)$ を $\lambda(P)$ と書くことにする．

証明

図10.10を見ると，RIでは ⊕(P), ⊗(P), ⊗(P) たちは変わらないことに気づく．次にstrong RⅢのコード図における変化を考えてみよう（図10.11）．

（1） ⊗(P) の増減について

点線部分にどんなコードたちが入っていようとも，s3a の操作 1 回[6]につき，ちょうど 3 増える．

（2） ⊗(P) の増減について

s3a の操作によって ⊗ が新しくできたとする．この ⊗ に RIII コードが何本参加しているかによって場合分けする．

1. （**0 本または 1 本参加**）　もしその ⊗ に RIII コードが 1 本も参加していない，もしくは 1 本しか参加していないならば，それは s3a の操作を施す前からあった ⊗ であるから，増減に関わらない．
2. （**2 本参加**）　RIII コードが 2 本参加している場合を考え，3 本目のコードが何かを考えよう．それは 1 つの点線部分に 2 端点をもつコードではなく，異なる 2 つの点線部分に 1 つずつ端点をもつコードでなくてはならない．そのような 3 本目のコードが 1 つ存在するごとに ⊗(P) は s3a の操作 1 回につき，1 つ増える．k 本あれば k 増える．
3. （**3 本参加**）　3 本参加しているならば，RIII コードのみで ⊗ ができているので，その増加はちょうど 1 である．

以上，各々の場合の増減を合計すると
$$0+0+k+1 = k+1$$
となり，⊗(P) は s3a の操作 1 回で $k+1$ 増える．

（3） ⊞(P) の増減について

⊗ と同様の議論を行う．すなわち，s3a の操作 1 回の前後で増えたり減ったりする ⊞ に RIII コードが何本参加するかによって場合分けする．

---

[6] （大学生向けコメント）ここはホモトピーを記述しているわけだから「s3a の操作」ではなく「s3a」と記載するのが正確ではあるが，筆者は読者層を踏まえ，あえてそうしなかった．同様の箇所においても，同じ気持ちである．

1. (**0本または1本参加**) ⊕ に RIII コードが 1 本以下のみ参加しているときは，s3a による ⊕(P) の増減に関係しない[7]．

2. (**2本参加**) 次に，s3a の操作を 1 回施したとき，ちょうど 2 本の RIII コードが ⊕(P) の増減に関わる場合を考えよう（図 10.12）．RIII コード以外の 3 本目を加えることで ⊕ となるようなコードは異なる 2 つの点線部分に 1 つずつ端点をもつコードにほかならず，上記の ⊗ の考察ではそのようなコードはちょうど k 本あると仮定していた．k 本のコードのうち 1 本ごとに 1 回の s3a で ⊕(P) は 1 個減りながらも 2 個増えるので $2-1=1$ より 1 個増える．したがって k 本あれば k 増える．

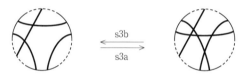

図 10.12 RIII コード 3 本と 1 本のコード

3. (**3本参加**) 3 本の RIII コードが ⊕ をなすことはないので，この場合は存在しない．すなわち，⊕(P) の増減に関係しない．

以上をまとめると表 10.1 のようになる．したがって 1 回の s3a による $\lambda(P)$ の増減は
$$3k - 3(k+1) + 3 = 0.$$
これで証明が完成する． □

表 10.1 含まれるコード図の個数の変化

	⊕(P)	⊗(P)	⊗(P)
s3a	k	$k+1$	$+3$

10.6 定理10.1の証明

(⇒) $P \stackrel{\text{RI, weak RIII}}{\sim} \bigcirc$ ならば，命題10.1より，
$$X(P) = X(\bigcirc) = 0.$$
したがってPのコード図は，コードの交差が1つもない．そのようなコード図のコード1本は，他のコードを無視すれば，どれも円周との間に半円盤をつくっている．そのような半円盤を1つとってみよう．もし他のコードがその半円盤内でつながっているとしたら，通過したコードのなす半円盤は，より小さな半円盤となっていてすっぽりと元の半円盤に入っている(例：図10.13)．なぜならば，コードの交わりはないからである．この議論を繰り返していくと，円周とコードがなす半円盤に他のコードが通過しない場合が必ず見つかる(コードは有限個だから)．ところが，それは1bで解消できる1辺形(=ただ1つのアークに囲まれる円盤の境界)に対応している．いいかえると，$X(P) = 0$であり，交点があるPは必ず1辺形をもつ，ということが導かれる．したがって，交点がなくなるまで1bをし続けることができる．

(⇐) もしPが1bをし続けることで○になったとする．それは$P \stackrel{\text{RI}}{\sim} \bigcirc$を意味するので，$P \stackrel{\text{RI, weak RIII}}{\sim} \bigcirc$ が得られる． □

図10.13 コードたちが互いに交差しない場合の半円盤たち

10.7 定理10.2の証明

(⇒) 仮定より，$P \stackrel{\text{RI, strong RIII}}{\sim} \bigcirc$ だから，命題10.2と定理10.3より，
$$H(P) = H(\bigcirc) = 0 \text{ かつ } \lambda(P) = \lambda(\bigcirc) = 0.$$
この条件下で，Pのコード図を復元する方法を考えよう．⊗が存在しない

---

7) (高校生向けに)RIIIコードがちょうど1本参加する場合はどんな場合か，図10.11にコードを2つ書き加えて考えてみよう．

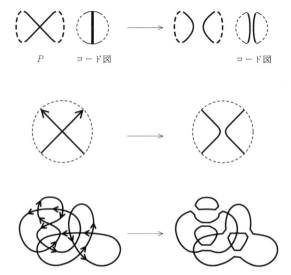

図10.14 1本のコードと2つの結び目の影の関係(1行目),自己交差の局所変形(2行目),自己交差を局所変形したときの例(3行目).

場合は定理 10.1 の証明からそれが何であるかはわかっている(○から有限回の 1a を施したもの)ので,⊗ が存在する場合を考える.P において ⊞ が存在しないので,⊗ に1つコードを書き加えるときには,⊛ となるようにするか,⊗ の2コードと一切交差しないようにコードを足すしかない(**ルール1**と呼ぼう).

また,どの1本のコードを見ても,そのコードと交差するコードは必ず偶数本である(**ルール2**と呼ぼう).それは,2つの結び目の影は必ず偶数交点で交わることに起因する(図 10.14 の1行目).これを説明しておこう.2つの結び目の影に任意のやり方で向きを付け,それぞれの自己交差すべてを図 10.14 の2行目のように局所変形する.このとき,2つの結び目の影は偶数交点で交わるということが示される(例:図 10.14 の3行目).

以上から P のコード図を○から,コードを足していって描き上げるときにも任意の部分コード図 ⊗ に対して上記のルール1とルール2を守らなくてはならない.したがって,$H(P) = 0$ のときは,図 10.15 にあげた結び目の影たちがなす集合 $\{T_i\}_{i \in \mathbb{Z}_{\geq 0}}$ からなる連結和しかないことがわかる[8].

ここで $\lambda(T_i)$ ($i \geq 2$) を計算する($\lambda(T_0) = 0$, $\lambda(T_1) = 0$ は直ちにわかる).

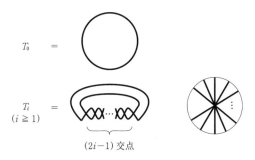

図 10.15 T_i ($i \geq 0$) の定義と T_i のコード図

$$\lambda(T_i) = 3 \cdot 0 - 3\,_{2i-1}C_3 + {}_{2i-1}C_2$$
$$= -3\frac{(2i-1)(2i-2)(2i-3)}{3 \cdot 2 \cdot 1} + \frac{(2i-1)(2i-2)}{2 \cdot 1}$$
$$= -(2i-1)(i-1)(2i-4).$$

したがって $i \geq 3$ のときは，$\lambda(T_i) < 0$ であり，$i = 0, 1, 2$ のときは $\lambda(T_i) = 0$ である．ここで，P と P' の連結和 $P \# P'$ に対して

$$\lambda(P \# P') = \lambda(P) + \lambda(P')$$

が成り立つことを思い出そう．今，仮定から $\lambda(P) = 0$ であるから，P は集合 $\{T_0, T_1, T_2\}$ からなる連結和である．

（⇐） P_k (k は $1 \leq k \leq m$ なる整数)が $\{T_0, T_1, T_2\}$ の任意の要素としよう．仮定より以下のように書けている．

$$P = P_1 \# P_2 \# \cdots \# P_k \# \cdots \# P_m.$$

このとき，図 10.16（次ページ）のように考えると，$P \overset{\text{RI, strong RIII}}{\sim} \bigcirc$ となる（図 10.16 の 3 行目のように対称性があるので，図 10.16 の 1 行目と 2 行目に帰着する）．

これにより証明を終える．

---

8) この事実は，次の論文の定理 3.2 に記載されている[44]．

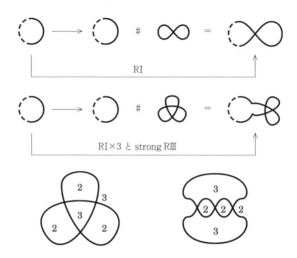

図 10.16 1回の連結和が，RI, strong RⅢ の列で置き換えられる（1 行目と 2 行目）．3 行目は球面上で等しい 2 つの結び目の影がもつ 2 辺形と 3 辺形．数字は 2 辺形あるいは 3 辺形を表している．

第11章

2015年の旅

　本章では「結び目の影」といったら，すべて「球面上の結び目の影」のこととする．本章と次章では，2015年に出版された2つの論文に記載されている定理について述べようと思う．

11.1 不変量を用いない結び目の影の旅

　これまで，第9章では組合せ的な方法[1]でRIとRIIによる分類の方法を紹介した（すべての対象を区別する不変量に相当するものを与え，分類したといってもよい）．第10章では不変量を作成してRIとweak RIII（あるいはRIとstrong RIII）により，いつ交点のない結び目の影「○」になるかを解き，幾何学研究における不変量の有効性の具体例を見た．一方で，最先端の幾何学では不変量をそう簡単につくることができない状況がある．しかしながら，私たちは，そういう場合でも状況を切り開いていかなければならない．

　そこで本章では不変量が登場しないが，このような難しい局面を打開した一例を紹介する．すなわち，不変量を用いない結び目の影の旅である．

　これまでの章から引き続いて，以下，交点のない結び目の影を断りなく「○」で表すことにする．

11.2 復習：RIとstrong RIIIでいつ○にできるのか？

　前章までに下記の定理11.1が得られていた．言葉の定義（定義11.1）とともに復習しよう．2個の結び目の影からなる連結和は既知のものとして，k個の連結和の定義と定理11.1を第10章の内容をほぼそのまま引用して復習する．ただし，**アーク**とは，ある交点から結び目の影（＝折れ線）をたどって

---

[1]（上級者向け）見方によっては特異点（と呼ばれるもの）に着目している，といってもよい．

最初に現れる交点までのことである（端点となる交点を含む）．第7章で定義したように，n個のアークがなす，n角形は，この本では「n辺形」と呼ぶことにしていた．

定義 11.1

結び目の影からなる集合をSとする．Sの要素を重複を許して任意に有限個(例えばk個)取り出し，任意に付番する $(i=1,2,3,\cdots,k)$．
$$P_1, P_1 \# P_2,\ (P_1 \# P_2) \# P_3,\ (((P_1 \# P_2) \# P_3) \# P_4),\ \cdots$$
のごとく順番ごとにアークを選び$k-1$ $(k \geqq 1)$ 回連結和をおこなったものをいずれも**集合Sからなる連結和**と呼ぶ．これは一意的には定まらない．要素の取り出し，付番およびアークの選びかたに依存する（実は連結和1つですら，球面，曲線それぞれの向き付け4通りの多義性がある）．文脈に応じて取り出した要素の付番を固定して**有限個の結び目の影 $P_1, P_2, \cdots, P_k$ からなる連結和**と呼び，$P_1 \# P_2 \# \cdots \# P_k$ と記すことを許すものとする．

第10章で，次の定理11.1とその証明の紹介をおこなった．

定理 11.1

P を結び目の影とする．
$$P \overset{\text{RI, strong RIII}}{\sim} \bigcirc \Longleftrightarrow P \text{ は図 11.1 の集合からなる連結和．}$$

図 11.1　3つの結び目の影からなる集合

11.3 一般化定理

2013年の夏頃，筆者は定理11.1までの結果が1つのゴールだと認識していて，これ以上進むのはすぐには難しいと感じていた．ところが，定理11.1

から次のように広い一般化の定理 11.2 が成り立つことを早稲田大学の谷山公規教授より教わった．必要となる言葉の定義をしてから（定義 11.2），定理 11.2 を紹介しよう[2]．

定義 11.2

図 11.2 において細い点線で表された局所円盤内の 2 辺形, 3 辺形をそれぞれ strong 2 辺形, strong 3 辺形と呼ぶことにする．局所円盤外の太い点線は円盤の境界である円周上の 4 点，もしくは 6 点がどのようにつながっているかを表している．

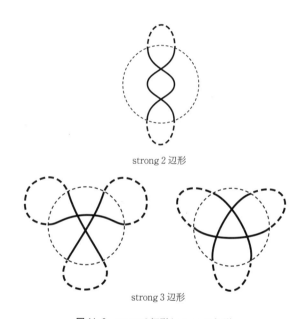

strong 2 辺形

strong 3 辺形

図 11.2 strong 2 辺形と strong 3 辺形

定理 11.2

P_0 を 1 辺形，strong 2 辺形，strong 3 辺形を持たない結び目の影とする．

$P_0 \overset{\text{RI, strong RIII}}{\sim} P \Longleftrightarrow P$ は，図 11.3（次ページ）の集合から重複を許して有限個とり，P_0 に 1 つ 1 つ順番に連結

---

[2] 定理 11.1 と定理 11.2 は文献 [42] で初めて発表された．

図 11.3 2つの要素からなる集合

和してできる結び目の影[3]).

11.4 定理11.2の証明

（⇐）図 11.4 を見れば，1回の連結和を RI と strong RIII の列に置き換えられることがわかるので，（⇐）の主張はいえる．図 11.4 の 3 行目に描いた 2つの結び目の影はまったく同じものであるが，そのアークの対称性（図 11.4 の 3 行目）から，片方の場合のみを考えればよいことが見える（図 11.4 の 2 行目）．

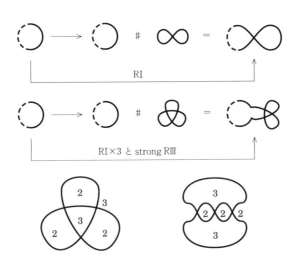

図 11.4 1回の連結和と RI, strong RIII による列（1 行目と 2 行目）．球面上で等しい結び目の影が持つ 2 辺形と 3 辺形（3 行目）．数字は 2 辺形あるいは 3 辺形を表す．

（⇒）定理 11.1 を使うと次の命題 11.1 を示せば十分である．

命題 11.1

P_0 を 1 辺形，strong 2 辺形，strong 3 辺形を持たない結び目の影とする．

$$P_0 \overset{\text{RI, strong RIII}}{\sim} P \Longrightarrow P \text{ は有限個の結び目の影 } P_0, Q_1, Q_2, \cdots, Q_l \text{ から}$$
なる連結和であり，各 i ($i = 1, 2, \cdots, l$) に対
して $Q_i \overset{\text{RI, strong RIII}}{\sim} \bigcirc$ を満たす．

11.5 命題 11.1 の証明

11.5.1 ● 十字近傍とスウェリング

P_0 が $\bigcirc$ であるならば，定理 11.1 より，命題は仮定と結論が同じことを主張しており，正しい．以下，P_0 が $\bigcirc$ でないときを考える．P_0 に対して局所変形 RI または strong RIII を適用する回数を n とし，n に関する数学的帰納法で示す．このとき適用された n 回の局所変形で得られる結び目の影を P_n ($n = 1, 2, 3, \cdots$) と表記する．

(1) $n = 0$ のとき，$P = P_0$ であるから，命題の主張は成り立つ．

(2) $n = k$ のとき，命題の主張は正しいと仮定し，$n = k+1$ のときを示す．以下，「円盤」，「近傍」と名が付いたり，呼称するものは，すべてその境界を含んでいるものとする．今，P_0 に幅を持たせて，それを**十字近傍**と呼ぶことにする．ただし，幅といっても他の幅を持たせた部分と交差しない程度に十分小さい幅とする．

また各アークに対して円盤を 1 つずつおく（今，P_0 は $\bigcirc$ ではない場合を考えているので，アークは少なくとも 1 つは存在する）．ただし，その円盤は十字近傍をなす部分のうち，割り当てられるアークに対応するもののみに共通部分を持つ．この円盤たちのいずれをも**スウェリング (swelling)**[4] と呼ぶことにする．数学的帰納法の仮定より，P_k はスウェリングたちと十字近傍に含まれ，P_0 の交点はスウェリングのいずれにも含まれないものとみなすこ

---

3) 連結和の定義の中に「付番する」ということが含まれていることに注意してほしい．言い換えれば，図 11.3 の 2 要素と P_0 を合わせた 3 要素からなる集合を S としたとき，P は集合 S からなる連結和のうち，P_0 をちょうど 1 回しか選ばなかった結び目の影だといえる．

4) イメージは「こぶ（隆起部）」．もともとは「赤円盤（論文では red disk を短く言って r-disk）」という名前だったが，色が関係しないスマートな名称を奈良女子大学の小林研究室の皆様（小林毅教授，船越紫先生，橘爪恵さん）が考えてくださった．

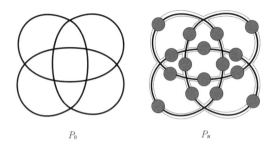

図 11.5　P_0（左）に対応する P_n（右）．なお，P_n には十字近傍とスウェリングたちを置いた．

とができる（図 11.5，ただしここまでの慣例通り，折れ線も滑らかな曲線で描いている）．

11.5.2 ● $k+1$ 番目の変形に P_0 の交点が関わらないこと

$P_k \to P_{k+1}$ のときにおこなわれる RI または strong RIII を定義する円盤を x 円盤と呼ぶことにする．復習すると RI に対応する円盤は境界の円周上に 2 点，strong RIII では円周上に 6 点の端点を持つような図 11.6 に現れる円盤が対応する．

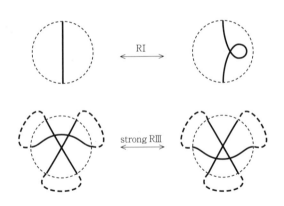

図 11.6　x 円盤

まず，x 円盤が P_0 の m 交点（$1 \leq m \leq 3$）を含まないことを背理法で証明する．x 円盤が P_0 のときにも存在した交点（すべて $c(P_0)$ とラベル付けす

る)を m 個 ($m > 0$) 含むとする．m が 1 以上のどの場合でも矛盾することが導かれる(図 11.7 (次ページ) の 7 通り)．

各場合を説明しておく．以下，(左), (中), (右) とは，図 11.7(1)-(7) に描かれた 3 つ図のうち，1 つを指している．

(1) もし P_k の一部である x 円盤に $c(P_0)$ が現れたとすると (左)，数学的帰納法の仮定から，$c(P_0)$ は P_k にも P_0 にも現れているはずである ((左)，(中))．スウェリングの定義から P_0 においては $c(P_0)$ から出たアークは一度スウェリングを通過して $c(P_0)$ に入る．その間にもし P_0 の交点があるとすると，それは (数学的帰納法の仮定により) P_k に現れていなくてはいけないので，実は着目している範囲では，$c(P_0)$ から $c(P_0)$ に戻るまで P_0 の交点はない．したがって，P_0 は 1 辺形を持つことになり (右)，これは「P_0 は 1 辺形を持たない」としている仮定に矛盾する．

(2) 着目している 3 辺形の 3 交点のうち 2 交点が $c(P_0)$ ではないとする．すると，これは 2 交点ともスウェリングに入るはずで，そのスウェリングは 1 つである (2 つのスウェリングは，それらの間に 1 つは交点を持つから)．さらにスウェリングの定義から「スウェリング 1 つからはちょうど 2 つのアークしか出ない」ことから，(中) の図になるしかない．これは P_0 が 1 辺形を持つことを導き (右)，やはり矛盾である．

(3) (2) とほぼ同じ証明となる．(2) で使った 2 つのスウェリングの条件を使うと，着目している 3 辺形の $c(P_0)$ から $c(P_0)$ に戻るまでは 1 つのスウェリングに入るはずである (中)．これは P_0 が 1 辺形を持つことを導き (右)，P_0 が 1 辺形を持たないとする仮定に矛盾する．

(4) (中) の図のようなスウェリングとなる．したがって，strong 2 辺形を持ち，P_0 の仮定に反する．

(5) まず x 円盤内の $c(P_0)$ ではない交点 d はスウェリングに入る．しかし，スウェリングからは 2 つのアークしか出てはいけないので，このスウェリングをアークに沿って d から各 $c(P_0)$ へ向けて延長していくと，2 つの $c(P_0)$ から出る，各 2 つ (合計 4 つ) のア

・Case $m = 1$

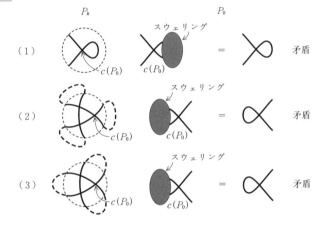

・Case $m = 2$

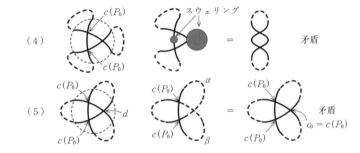

・Case $m = 3$

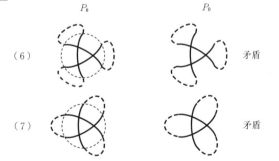

図 11.7 $m > 0$ のときの場合に応じた矛盾性

ークとも，このスウェリングに向けて入ることになる．一方，スウェリングの中は P_0 では交点を持たないので，P_0 では α, β の点線はそれぞれ実線となる．しかし，実線だとすると，どうしても交点 c_0 が存在して（右），P_0 において strong 3 辺形を持ち，仮定に反する．

(6) x 円盤そのものが P_0 から P_k まで保たれる．するとこれは strong 3 辺形を持ち，仮定に反する．

(7) (6) と同じ方法による証明となる．

以上より $m = 0$ となるしかない．したがって，必要ならば x 円盤を十分小さくとると，x 円盤に入っている点は十字近傍に入っていない点か，もしくはスウェリングに入っている点となっている．

11.5.3 ● 証明の詰め

次に x 円盤に入っている2つの交点たちがそれぞれ異なる2つのスウェリングと共通部分を持たないことを示そう．その可能性のあるのは strong RⅢ のときの3辺形である．x 円盤に入る，strong RⅢ の3辺形の2交点が異なる2つのスウェリングに入っているとする（図 11.8）．

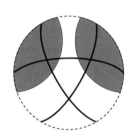

図 11.8　2つのスウェリングたちの中に3辺形の2交点が入る場合．

数学的帰納法の仮定とスウェリングの定義より，2つのスウェリングを結ぶアーク上には必ず $c(P_0)$ が存在する（図 11.9，次ページ）．これは矛盾を導く．したがって，x 円盤が2つのスウェリングにまたがってもし共通部分があったら，ある1つのスウェリングまたは x 円盤を小さくとって x 円盤とその1つのスウェリングが（それぞれの定義を変えないまま）共通部分を持たな

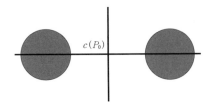

図 11.9　2つのスウェリングの間には必ず交点が存在する．

図 11.10　2端点を閉じて結び目の影をつくる．

いように取り直し，もう一方のスウェリングにだけ共通部分を持つようにできる．

以上をまとめると，次のようになる．

(1) P_k の交点で x 円盤に入っているものはすべてスウェリングに入っている（数学的帰納法の仮定より）．
(2) x 円盤の点はスウェリングに入る点か，十字近傍には入らない点かのいずれかである．
(3) x 円盤は1個のスウェリングとだけしか共通部分を持たない．

よってさらに x 円盤を小さくとることで x 円盤が1つのスウェリングに完全に入るように x 円盤の定義を変えずに x 円盤を取り直すことができる．数学的帰納法の仮定と定理 11.1 より，$n=k$ のとき，P_0 に連結和（交点を増やす操作）をおこなうだけで P_k が得られているため，スウェリングの外側で P_0 の交点が P_k にそのまま現れているとみなすことができる．上記から x 円盤が完全に1個のスウェリングに包まれるため，x 円盤内でなされる1回のRIもしくはstrong RIIIは1個のスウェリング内でおこなわれることになる．したがって，P_k に現れていた P_0 の交点はすべて，そのまま P_{k+1} の交点として十字近傍に入り，かつすべてのスウェリングの外に現れる．

ここで，スウェリングの1つに注目しよう（図 11.10 左）．スウェリングの境界の円周上の2点は，着目しているスウェリングを通ることなく P_0 の交点へと曲線上をたどることができる．この2点をある2端点の交点を持たない曲線で閉じると，1つの結び目の影ができる（図 11.10 右）．

P_{k+1} と P_0 が対応するスウェリングに対して，それぞれ図 11.10 の左から右への操作をおこなうと，ある Q_i と ○ となる（$i = 1, 2, \cdots, l$）．このとき各 i について，$Q_i \overset{\text{RI, strong RIII}}{\sim} \bigcirc$ である．なぜなら $n = k+1$ でおこなわれる操作は，x 円盤を含むスウェリングに対応した Q_i では1回の RI または strong RIII がおこなわれるだけであるし，x 円盤を含まないスウェリングに対応した Q_i では P_k のときから何も変わらないからである．ここで，数学的帰納法の仮定と定理 11.1 から，P_k は図 11.5 の P_n の形となっていて，各スウェリングにおける図 11.10 の左から右への操作によりつくった結び目の影 R_i ($i = 1, 2, \cdots, l$) は $R_i \overset{\text{RI, strong RIII}}{\sim} \bigcirc$ をみたすことに注意してほしい．これで $n = k+1$ のときにも主張が言えて，数学的帰納法が完成する．以上で主張を示すことができた．
□

命題 11.1 が示されたことにより，定理 11.2 の (⇒) の証明も終わる． □

定理 11.2 の P_0, P の具体例を図 11.11 に挙げておく．

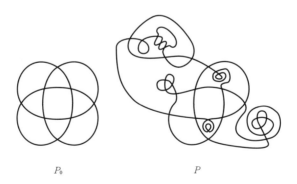

P_0 P

図 11.11 定理 11.2 の P_0, P の具体例

第12章

旅の行き着く先

　本章でこの本も終わりを迎える．最後に「RI と RIII を有限回どのように使っても交点のない形（本書では○と表記している）にならない結び目の影が存在する」，このことを示した Hagge と Yazinski[1] の結果の解説をしておきたい[2]．Hagge と Yazinski の証明は（トポロジーの専門家としては，ちょっと驚くべきことなのだが）不変量を使わず，その曲線の特徴をよく摑んで問題を解決している．

　この証明は他人のものであるが，読むと感慨深い．筆者は，大学学部生のころから「不変量を新しく作成したり既存の不変量を目的に応じ調整したりして，幾何学を進展させる」ことに憧れ，学部から大学院に至る時期には，その半ば職人芸ともいえる技能を教わり，訓練もしてきた．ところが，Hagge と Yazinski は不変量を使わず具体的な対象をそのまま見ることによって問題を解決していた．数学の最初の一歩（解決）では必ずしも組織的な方法で解かれるわけではない[3]．その一方で，最初から抽象化された議論により，組織的な方法で問題が解決されることもある．そういうわけで，今日も私は学生の気持ち（素心）に戻り，学生さんからも，もちろん先生方からも新たな技を吸収しようとしている．現在の数学界では，大変ありがたいことにその道の数学者が揃っておられ，どの訓練も達人と呼ばれる先生方に学べる環境にある[4]．そうした状況に私は今，感謝し幸運に思っている．このことは，読者の皆さんもまた例外ではない．

　以下，定理 12.1 から，その証明が終わるまで結び目の影と言ったら「球面上の結び目の影」とする．

定理 12.1

　図 12.1（次ページ）で表される結び目の影 P_{HY} が RI と RIII の有限列

を通して○になる可能性はない.

12.1 定理 12.1 の証明

12.1.1 ● ボックスと☆領域

まず証明の議論を進める定義を行う.図 12.1 を図 12.2 のように分割する.図 12.2 ☆印をつけた 2 つの領域を☆領域,8 つの箱(境界込みの箱)をボックスと呼ぼう.次の定義 12.1 では,より一般化して,ほかの結び目の影に対してもボックスと☆領域の定義をする.

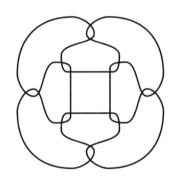

図 12.1 結び目の影 P_{HY}

図 12.2 ボックス,☆領域

---

1) 2氏のカナ表記は固定できていないので,英字表記のみとする.
2) 筆者なりの微調整を施したことを断っておく.
3) このことは学部時代に教わったことの1つである.そして,やはり研究最前線では,どの方法もなかなか見つからない状況にぶち当たったりする.
4) ただし,同世代や日本人とだけの交流ではなく,世代の壁,国境の壁を飛び越えるほうが望ましい.これは歴史的な状況が関係している.

定義 12.1

ある長方形(境界とその内部)を考え「箱」と呼ぼう．対辺の関係にある2辺のみが結び目の影と横断的に交わるとする．箱の各辺は以下の議論で誤解を生まない限り多少たわんでいてもよいものとする[5]．1つの箱の境界と結び目の影の共通部分は，箱の境界の対辺上にある6点からなり，1辺上に3点ずつ存在する．箱の中は3つの部分曲線(「紐」と呼ぼう)からなっている(部分曲線の1つ1つは途切れていない)．箱の内部を見たときに，紐の2端点がそれぞれ別の辺にある紐を「紐3」，同じ辺に戻ってきている紐を「紐1」または「紐2」と名付ける．各箱に対し，1, 1, 3 の3つのラベルが付いている方を「左側」，2, 2, 3 の3つのラベルが付いている方を「右側」とし，「左側」と「右側」を合わせて「側面」と呼ぶ(図12.3参照)．図12.3では P_{HY} のときを表しているが，左側の「1, 1, 3」の一側面内における順番の入れ替わり，また右側の「2, 2, 3」の一側面内における順番の入れ替わりは許すものとする．このことから，辺上の点たちは図12.3の順番でなくてもよいことに注意してほしい．各箱の「右側」は，すぐ隣の箱の「左側」に3本の部分曲線でつながっているとする．

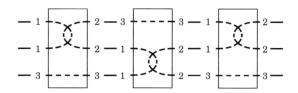

図 12.3 箱の並びルール(図の側面における端点の並びは P_{HY} のときで，一般には一側面内で入れ替わってもよい．)

箱についてさらに次の3条件を考える(読者は P_{HY} がこれらの条件を満たしていることを確認してほしい)．

1. 箱の内側で紐1は，紐2との間にちょうど2つ交点を形成する．紐3は「左側」と「右側」に端点を持つ．
2. 箱の境界を含め箱の外側では交点を持たない．箱の外側で「右側」の紐3は「左側」の紐1に接続する．箱の外側で「左

側」の紐3は「右側」の紐2とつながる．残された「右側」の紐2と「左側」の紐1の端点同士も箱の外でつながっている．

3. 結び目の影と共通部分を持たないような箱の境界の一部分たち8つと交点のない8つの部分曲線に囲まれた範囲を包む，$m\ (\geqq 4)$辺形とその内部を合わせたものを☆領域と呼ぶ．☆領域は，ちょうど2つ存在する．

以上，定義12.1の条件を満たす箱を片仮名表記で「ボックス」と表記することにする．1-3の条件を**ボックス3条件**と呼ぶことにしよう．また，条件2において，ボックス間を(ボックスの外で)つなぐ結び目の影の一部分も「紐」と呼ぶことにする．

第Ⅱ部の第7.4節でも注意したが，ここでもう一度，「アーク」と「n辺形」という言葉を確認しておこう．結び目の影をたどることを考える．ある交点から初めて出会う交点までを(端となる交点込みで)アーク，n個のアークがなすn角形を「n辺形」と呼ぶ．ここでn辺形は，あるnアークを指しているものとする．

12.1.2●数学的帰納法の設定

以下，図12.1の結び目の影$P_0\ (=P_{HY})$に対して，n回RIまたはRⅢを施した結び目の影をP_nとし，回数nに関する数学的帰納法を考える．$n=0$のとき，P_0はP_{HY}そのものであるから，定義12.1で定義されるボックスたちをとることができて，特にボックス3条件を満たす．そして，$n=k$のときも定義12.1で定義されるボックスたちをとることができると仮定し，特にボックス3条件を満たすとする．このとき，$n=k+1$のとき，すなわちP_{k+1}で定義12.1によるボックスたちをとることができることを示す．以下，P_kにおけるボックスたちを，1回のRIまたはRⅢを施すだけの違いで引き継ぐP_{k+1}上にある箱たちについて考える．そのとき，(ボックス3条件の定義にときにも言及したように)それらP_{k+1}上にある箱について，我々が定義12.1の条件を満たすか証明していない間の議論では単に「箱」と呼び，定義12.1の条件を満たしたときに初めて「ボックス」と呼ぶことにする．

---

5) トポロジー的な視点により，このような同一視が許される．

12.1.3●箱内部でのRI, RⅢについて

数学的帰納法の仮定より，定義 12.1 のボックスがとることができている中（$n=k$ の場合）で，RI または RⅢ を箱内部で 1 回行ったとする．これは紐 1 と紐 2 のなす交点数と箱内部での紐 3 のつながり方（条件 1），紐 1, 2, 3 の箱外部でのつながり方（条件 2）を変えない．すなわち，P_{k+1} において，条件 1 と条件 2 を満たす箱たちがとれている．

次に条件 3 を考えよう．数学的帰納法の仮定より，$n=k$ の場合には 4 つ以上のアークに囲まれた☆領域 F_k が存在する．RI または RⅢ をちょうど 1 回行うと F_k は，F_{k+1} となるとする（図 12.4）．言い換えると，箱と結び目の影が共通部分を持たないような箱の境界の一部分たち 8 つと交点のない部分曲線に囲まれた範囲を包む m 辺形とその内部を F_{k+1} とする．F_k と比べ，F_{k+1} の境界をなすアークの個数は変わらないか，1 つ増減するか，2 つ増減する（これは RI や RⅢ の周りの変化をみればわかる）．

P_{k+1} で既に条件 1, 2 が成り立っているので，これらを使って F_{k+1} の境界をなすアークの個数が 4 以上であることを示そう．ここで，F_{k+1} の境界である m 辺形の頂点を F_{k+1} の頂点と呼ぶことにする．F_{k+1} の頂点が箱内部に存在しないときは限られていて，その箱内部で紐 3 のみが F_{k+1} の境界に含まれているときしかない（図 12.4）．

このような箱を，ある F_{k+1} 側から見て「頂点なしの箱」とする．ところが，「頂点なしの箱」は隣り合う形で（言い換えると，2 つ連続して）F_{k+1} の境界の一部分を含まない．なぜならば，もしそうだとすると，既に P_{k+1} が満たすこ

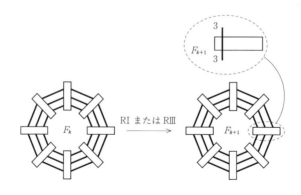

図 12.4 F_{k+1} の頂点を持たない箱（点線で拡大した部分）

とは判明している条件 1 より，紐 3 の端点は紐 1 または 2 につながるので，ボックス外で交点があることになり，（既に成立している）条件 2 に矛盾する．よって，ある F_{k+1} から見て「頂点なしボックス」は F_{k+1} の境界に 2 つ連続して現れない．箱は 8 つあることは，今考えている箱内部での RI または RIII では保たれているので，m は 4 以上である．したがって，条件 3 は成り立つ．よって，$n = k+1$ のとき，「箱内部で RI と RIII を行ったときは」，P_{k+1} においてボックス 3 条件が成り立ち，定義 1 の箱たち，すなわち，ボックスたちをとることができる．

12. 1. 4 ● 箱に入りきらない RI について

次に P_k のボックスに入りきらない箇所で交点の増える RI（1a と記す）が起きたときを考えよう．数学的帰納法の仮定により，2 つの箱をつなぐ，交点のない紐のどこかで 1a を行うのだが，それは 1 辺形とその内部を完全に包むように箱を変形できて（図 12.5），定義 12.1 のボックスをとることができる．図 12.5 は 1 辺形が完全に箱から出ている場合を描いているが，中途半端に出ている場合でも同様の議論に帰着する．

さらに次の議論に進む．P_k において「ボックスに入りきらない箇所で」交点の減る RI（1b と記す）を考えよう．1b が起こるとしたら，数学的帰納法の仮定により，2 つのボックスをつなぐ，交点のない 2 つの紐によって挟まれる領域か，もしくは☆領域で 1b が起こるはずである．ところが再び数学的帰納法の仮定により，☆領域は 4 辺形以上であったので 1 辺形とならない．

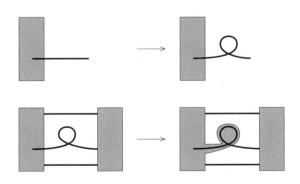

図 12.5　箱の外での RI（上）と 1 辺形を包み込む変形（下）

よって，残された可能性は**ボックスの外で交点のない2つの紐によって挟まれる領域が1辺形となり，1bで消されることが仮定された場合**となる（図12.6）．

この場合の考察に入る．このとき，1辺形をなす紐をたどることを考えよう．これはボックスに入る紐しかない（数学的帰納法の仮定から P_k では交点はすべてボックスに入っているからである）．紐1または紐2としてボックスに入って行く場合ならば（再び数学的帰納法の仮定により）紐1または2はボックス内で交点を最低2つ持つはずなので，1辺形とならない．これは1bが起こるとした仮定に反し，矛盾を導く．では1辺形をなす紐をたどるときに，もし紐3であったならば，（数学的帰納法の仮定により P_k においては成立している条件2から）隣のボックスで紐3は1または2に繋がっている．したがって，この場合も紐1または紐2に繋がって行く場合となり，上記で考えた場合に帰着し，矛盾を導く．以上より P_k では「ボックスに入りきらない箇所で」1bは起こらない．

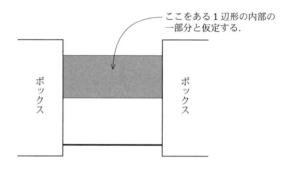

図 12.6 ボックスの外で，1bで消去される1辺形があったと仮定した場合．

12.1.5 ● 箱に入りきらない RIII について

最後に P_k において RIII を施すときに RIII に関する3辺形が「ボックスの内部に入りきらない箇所で」現れるとき，すなわち，この1回の RIII の直前を考える．直前では，数学的帰納法の仮定をしていることに注意しよう．条件3から4アーク以上を持つ☆領域で RIII は起こる可能性はない．また，RIII に関する3辺形のうち P_k に現れる3辺形は交点のない，2つの紐に挟まれた領域※（図12.7，次ページ）を包む形で発生するしかないのだが，この3辺形の（3頂点に対応する）3交点はすべてどこかのボックスに入っていることに注

意する(ボックス3条件の条件2).すなわちP_kのあるボックスに,今注目している3辺形の一部が入っていると仮定すると,そのボックスは3辺形の交点の少なくとも1つをボックス内に入れている(図12.7).

もしそうでないとすると,その3辺形は図12.8の形をとるが,条件1,2より,それは起こらない.

残された可能性(図12.7)を考える.この場合は,図12.9のような箱の取り直しを行うことで,3辺形とその内部,特に3交点すべてが入るようにす

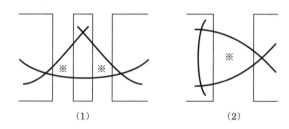

図12.7 領域※のケース1(1)と(2)(ほかの紐を省略して描いている.)

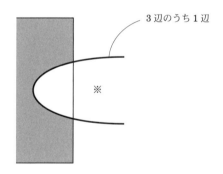

図12.8 領域※が3辺形の場合,ケース2(ほかの紐を省略して描いている.)

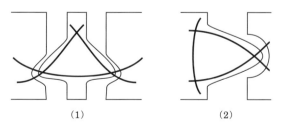

図12.9 領域※が3辺形に包まれるケースの(1),(2)それぞれの場合に3辺形を1つのボックスに包み込む変形

ることが可能である．

　この P_k で取り直した箱（たち）を含めた 8 つの箱は定義 12.1 を満たし，8 つのボックスたちを形成する．

　以上から，箱に入りきらない 1a は図 12.5 を，箱に入りきらない RIII は，図 12.9 の変形を使って P_k において箱を取り直すことで，ボックス内部での RI と RIII とみなすことができる．取り直した箱を含めた 8 つの箱は定義 12.1 を満たし，ボックスと呼べるものになっている．「$n = k+1$ 回目の RI や RIII が箱内部で行われた後，定義 12.1 でいうボックスをとることができなくなることはない」ということは既に示しているので，これで「P_0 に n 回 RI または RIII を適用して得られる結び目の影 P_n 上で定義 12.1 のボックスをとることができる」ことを証明するための，n に関する数学的帰納法が完成する．よって，あるボックスが存在し，そこでは RI と RIII をどのように有限回施したとしても，ボックス 3 条件の条件 1 によって，各ボックスに交点は 2 個以上存在するのである．それは，交点のない結び目の影○には絶対にならないことを示している．　　　　　　　　　　　　　　　　　　□

12.2 まとめ

　2015 年までの結び目の旅はどうであったであろうか？ 既にお気付きのように，この道を少し違った方向に踏み込めばすぐに面白そうな未解決問題たちが埋もれている．旅の行き着いた先は，開拓の冒険へのスタートにほかならず，魅力的な問題たちは読者諸氏の挑戦を待っているのである．さあ，今から「結び目の旅」をぜひとも始めてほしい．

　平面曲線や結び目という対象が数学の中で，あるいは応用上重要な役割を持っていることは数学者の間では常識となっている．筆者は結び目理論を使って最先端の物理を考察する，という議論を国外で行う一方で，本書のような 0 から 1 をつくるような基礎理論の構築の議論も国内で行っている．一見前者は華やかで後者は地味に見えるかもしれない．しかしながら，未解決問題の根本で行っていることは，あまり変わらないし，両者が関連する部分ももちろんある．特にこれから分野を選択するような場に立っている諸氏に伝えておきたい．それは「華やかさ」の意味が「メジャーであるとかないとか」であるならば，その判断は，大きな危険性を含んでいると言えよう．一見地

味な後者の場合はシンプルな対象の深い部分を研究している．一般に歴史的に広い場面で扱われているシンプルな対象は，応用の可能性が広く，また奥深いことが多いのである．

12.3 第Ⅱ部全体の参考文献

- T. Hagge and J. Yazinski, "On the necessity of Reidemeister move 2 for simplifying immersed planar curves", *Banach Center Publ.* **103** (2014), 101-110.

ある結び目の影が有限回のRIとRⅢでは交点のない形にできないことを最初に示した論文．結果として有限回のRIとRⅢでは絶対に生成できないRⅡが存在することを証明している．（特に関係する章：第7, 12章）

- H. Whitney, "On regular closed curves in the plane", *Compositio Math.* **4** (1937), 276-284.

この論文では回転数に関して論じている．回転数の出自については諸説あるようなのだが，本書ではウラジーミル・アーノルド(V. I. Arnold)[6]を踏襲した．「有限回のRⅡとRⅢによって移り合う平面曲線たちを同値とみたときに，平面曲線の分類は回転数によって完全に決定されること」がこれにて解決されていると言える．（特に関係する章：第8章）

- M. Khovanov, "Doodle groups", *Trans. Amer. Math. Soc.* **349** (1997), 2297-2315.

平面曲線の中でdoodleという対象があり，それらは現在も活発に研究がなされている．ホバノフはこのdoodleの概念を一般化したものを考え，「有限回のRIとRⅡによって移り合う平面曲線たちを同値だとみたときに，同

---

[6] *Topological invariants of plane curves and caustics*, University Lecture Series, 5. American Mathematical Society, Providence, RI, 1994. 筆者が修士論文執筆という，研究者として最初の壁にぶち当たっていた頃，この本が関係した原著たちをたどったのだが，アーノルド，グロモフ，ピロといった有名数学者の著作に通じていて，当時，胸を高鳴らせたものである．偉人の研究の続きを微力ながら可能な範囲で行うこと，偉人にとらわれすぎずに自らの目標を立て，別の視点から意義ある研究を行うこと，いずれも大事なのだ，と実感する．これは，多くの先生方に触れて学んだことである．

値な平面曲線たちを代表する平面曲線で交点が最小のものが一意的に存在する」ことを示している．（特に関係する章：第 9 章）

- N. Ito and Y. Takimura, "$(1, 2)$ and weak $(1, 3)$ homotopies on knot projections", *J. Knot Theory Ramifications* **22** (2013), 1350085, 14pp.

瀧村祐介氏と筆者による最初の共著論文である．本書では詳しく触れなかったが瀧村氏の質問に答えようと筆者が考えた結び目を経由するアイディアも書かれている．この論文において，2 人への谷山公規教授（早稲田大学）のコメントは重要な役割を果たした．有限回の RI と weak RIII で交点のない曲線 ◯ に変形できる結び目の影すべてを結び目理論を経由して決定している．（特に関係する章：第 9, 10 章）

- N. Ito, Y. Takimura and K. Taniyama, "Strong and weak $(1, 3)$ homotopies on knot projections", *Osaka J. Math.* **52** (2015), 617-646.

瀧村氏に加え，谷山教授も著者に入った上記に引き続く 2 つ目の論文．有限回の RI と strong RIII で交点を持たない曲線 ◯ に変形できる結び目の影すべてを決定している．また，この一般化定理も記載している．この論文にはほかにも RI と weak RIII についての不変量を考え合わせた上で，結び目の影の分類も行っている．RI と strong RIII の最初の不変量を導入した論文ともなっている．（特に関係する章：第 11 章）

- N. Ito and Y. Takimura, "Sub-chord diagrams of knot projections", *Houston J. Math.* **41** (2015), 701-725.

有限回の RI と strong RIII で交点を持たない曲線 ◯ に変形できる結び目の影の決定を，新たな不変量を作成して再証明した論文．RI と weak RIII の組についても同様のことを不変量を作って再証明している．これらの不変量の応用や背景を詳しく論じている．（特に関係する章：第 10 章）

おわりに

　この本は数奇な運命により，生まれました．
　株式会社早稲田大学アカデミックソリューションの一宮航氏が，筆者の「仮想講義風景」を文章にしたものを，日本評論社の飯野玲氏に紹介してくださったのがそもそもの始まりです．その一宮氏には，当時の同僚であった文化人類学の先生にお引き合わせいただきました．
　『数学セミナー』(日本評論社)連載当時に筆者が所属していた早稲田大学高等研究所というところは，全分野の研究者が集うユニークな場所でした．他分野の研究者の中には，数学研究者の知り合いは筆者のみであるような方々がそれなりにおられて，皆さん「仮想講義風景」を喜んで読んでくださいました．特に美術史の研究者である同僚の先生や一宮氏がくださったコメントに，筆者は励まされたものです．
　この「仮想講義風景」の出版は実現しませんでした．しかし，その飯野氏および大賀雅美編集長，入江孝成氏の3名の方が，わざわざ大学まで足を運んでくださり，スタンダードな教科書風の連載を『数学セミナー』に寄稿する，という企画が持ち上がりました．その連載が筆者の処女作となりました．『数学セミナー』(通称・愛称：数セミ)とは，高校生から大学初年級向けの数学を主題とする雑誌です．
　当時の『数セミ』の大賀編集長からの「もっと最先端のことを！」というご要望と，飯野氏の「お話ばかりではなく，結果の証明を完全に記載してほしい」というご意見のすり合わせは，当時の筆者にとって，きわめて挑戦的な課題となりました．すなわちそれは，最新の数学研究の成果と余談や裏話を，連載の中で同時に紹介することを意味したからです．
　この困難な課題に対して，現在の『数セミ』編集長である入江孝成氏は，誌面の使い方のアドバイスをくださいました．さらに同氏は何回もの校正にも付き合ってくださり，その結果，本書の第Ⅱ部に対応する連載ができました．途中，専門家として正確な指摘をくださった奈良女子大学の船越紫氏と橋爪惠氏に何度も助けられました．『数セミ』連載時，学習院中等科の瀧村祐

介氏は，全文に目を通してコメントをくださり，かつ，筆者の手描きの図をすべて電子化してくれました．同氏は書き直しなどもいとわず，最後まで筆者に付き合ってくださいました．またテクニカルタームの和訳に関しては小林毅教授からも助言をいただきました．これらの結果，第Ⅱ部に相当する『数セミ』の連載は，基礎的な議論から最新の論文の結果までを解説した，筆者にとっても貴重な著作となりました．

『数セミ』連載が終了したときに本書の単行本化について，入江氏からお話をいただきました．そこで筆者は入江氏の情熱に胸打たれたのです．しかも筆者は気付いてしまったのです．出版に携わる人というものは，社会に対して高い問題意識を持ち，取材を通して問題意識を常にアップデートし続け，しかも自らは採算といった経済的な困難に直面することをもいとわない，非常に貴重な方々なのだと．

入江氏は現在のエンジニアの皆さんの苦境を訴えられました．そこまで数学に慣れていない，しかし，志高いエンジニアが圏論のさわりを勉強しようとして挫折をしていること，圏論に関しては本格的な書籍が多くなかなか初学者にはイメージがわきにくいこと…．筆者はその情熱に動かされ，第Ⅰ部の構想を練ったのです．

本書の第Ⅰ部は東京大学の数理科学研究科への移籍後に取り組みました．筆者は当初，自分の所属の変化を学際的な研究者の館から数学中心の館への移行だととらえていました．辿り着いた場所はたしかに数学研究を行うための館でした．若い読者の中には，数学中心の館とは，数学のことばかりを考える空間のように錯覚される方もおられるかもしれません．かつては筆者もその一人でした．しかしながら東京大学の数理科学研究科は，筆者の想像以上に社会との接点が多い場所でした．もちろんここでは筆者も含めた多くの研究者の皆さんは，（おそらく）基本１日中，数学に集中しているのですが，社会的に見た意味合いは実はそれだけではなかった，ということです．何人かの先生方のご配慮により，同科では社会に出て数学を使い活躍する方や，数学を応用していこうとする方々に出会うことができました．そこで筆者は，数学が今まさに社会に必要とされる現場を目の当たりにしたのです．学の独立を謳う場と，積極的に社会的使命を背負う研究所のそれぞれの気持ちを筆者なりに受けとめたことは，本書を含め今後何らかの形で表出されてくるのではないか，と思われます．この間，他の大学におられる世界的な数学者の

先生方にも大変お世話になりました．深く感謝しております．

熟慮の末，筆者は本書において圏論を正面きって扱うことはしませんでした．しかし，圏論の好適な例として，あるいは圏論化の応用として，結び目種数のミルナー予想の証明をクライマックスにすえ，函手の具体例が目に見える，結び目ホモロジーを中心として論じることにしました．そこに至るまでの過程で，複体のホモロジー，コホモロジー，また，結び目図式を輪切りにして代数化する考え方（レシェチヒン-トゥラエフ理論），ジョーンズ多項式の圏論化（ホバノフホモロジーとその応用理論，ビロの再構成による圏論化），ナノワードの考え方（トゥラエフ理論）を紹介しました．これらに加え，第II部の球面曲線のなすあらゆる圏は，きっと圏論を学ぶ人のために幾何的なイメージとともに豊かな情報を与えるのではないかと考えます．なお，単行本化にあたり，第I部および付録では，曲面や結び目の電子的な絵を美しく描きあげられることで知られている，奈良女子大学の船越紫氏に，筆者による手描きの図を，その電子化と同時にブラッシュアップしてもらいました．

第II部の個人的な研究背景については本文中に述べましたが，第I部については述べなかったので少し触れておこうと思います．本書の第I部では，ホバノフ，ビロ，トゥラエフの3先生の理論を中心に述べました．思い返してみると，筆者がこの先生方と知り合ってからの期間と数学研究の期間はほとんど同じです．2010年頃から現在まで，一切の損得抜きにしてホバノフ先生，ビロ先生，トゥラエフ先生は筆者を影で支えてくださいました．あるときはブルーミントンで窓の外を見ながら，トゥラエフ先生は良い論文が大抵もっている重要な条件とは何かを答えてくれました．ストーニーブルックの夜，ビロ先生は車の中で，長いスパンで目指すべき数学研究というものが一体どういうものでなくてはいけないのかを筆者に諭されました．ホバノフ先生はマンハッタンの街を歩きながら，思い詰めていた筆者に何をすべきかを教えてくださいました．こうして海外から見ず知らずの，しかも数学研究を始めたばかりの若手がスーツケース一つを携えて助けを求めて訪ねてきたとき，我々はどうあるべきなのかを筆者は教わったのです．本書も見ず知らずの人にとって何かしらの参考になるならば，望外の喜びです．

最後に筆者が，泣く泣く割愛した部分を記載しておきます．ジョーンズ多項式の一般化で有名なホムフリー多項式の圏論化は，現在の理論物理で最も

ホットなトピックの一つであり，本来であれば筆者が解説すべきであったと思うのですが，紙数の都合上，本書では削らざるを得ませんでした．また，まさに「圏論化」を体現した「次世代結び目理論」の一つであり，プログラミングを行うエンジニアに対してきわめて需要があるであろう「ナノワード理論」についても，筆者の主要な研究対象であるにもかかわらず，本書で正面切って論じることができませんでした．いつかどこかで機会をいただけるなら，これらを詳しく書きたいと思います．

最後に単行本化にあたり，第Ⅰ部の草稿について数学的な助言をくださった，境圭一先生，田神慶士先生に感謝いたすばかりです．特に田神先生はこの方面の専門家として筆者との議論に何度も付き合ってくださいました．また本書に関し，広い意味で数学に関する学際的な議論をしてくださった牛山美穂先生，杉山博昭先生，本田晃子先生に深謝申し上げます．

皆さん，ここまで読んでくださり，本当にありがとうございました．

著者

参考文献

●第Ⅰ部 [数学の専門家向け,英語による文献]
[1] J. W. Alexander, Topological invariants of knots and links, *Trans. Amer. Math. Soc.* **30**, 275-306.
[2] J. Roberts, Knots knotes
http://www.math.ucsd.edu/~justin/Roberts-Knotes-Jan2015.pdf
[3] J. Milnor, On manifolds homeomorphic to the 7-sphere, *Ann. of Math.* (2) **64** (1956), 399-405.
[4] A. Kawauchi, The invertibility problem on amphicheiral excellent knots, *Proc. Japan Acad. Ser. A Math. Sci.* **55** (1979), 399-402.
[5] J. Murakami, The parallel version of polynomial invariants of links, *Osaka J. Math.* **26** (1989), 1-55.
[6] R. Kirby and P. Melvin, The 3-manifold invariants of Witten and Reshetikhin-Turaev invariant sl $(2, \mathbf{C})$, *Invent. Math.* **105** (1991), 473-545.
[7] O. Viro, Khovanov homology, its definitions and ramifications, *Fund. Math.* **184** (2004), 317-342.
この速報ver.とは,この論文に文献[18]として引用してある著作で,筆者はこれも参考にした.
[8] M. Khovanov, Graphical calculus, canonical bases and Kazhdan-Lusztig theory. Thesis (Ph.D.)——Yale University, *ProQuest LLC*, Ann Arbor, MI, 1997. 103pp.
[9] N. Ito, Chain homotopy maps for Khovanov homology, *J. Knot Theory Ramifications* **20** (2011), 127-139.
[10] M. Khovanov, A categorification of Jones polynomial, *Duke Math. J.* **101** (2000), 359-426.
[11] T. Kobayashi, Minimal genus Seifert surfaces for unknotting number 1 knots, *Kobe J. Math.* **6** (1989), 53-62.
[12] M. Scharlemann and A. Thompson, Link genus and the Conway moves, *Comment. Math. Helv.* **64** (1989), 527-535.
[13] J. Milnor, Singular points of complex hypersurfaces, *Annals of Mathematics Studies*, No. 61 Princeton University Press; University of Tokyo Press, Tokyo 1968 iii+122 pp.
(予想は Remark 10.9 に対応する.邦訳[34]にそのことのガイドが付されている.)
[14] P. B. Kronheimer and T. S. Mrowka, Gauge theory for embedded surfaces. I. *Topology* **32** (1993), 773-826.
[15] E. S. Lee, An endomorphism of the Khovanov invariant, *Adv. Math.* **197** (2005), 554-586.
[16] J. Rasmussen, Khovanov homology and the slice genus, *Invent. Math.* **182** (2010), 419-447.

[17] D. Bar-Natan, Khovanov's homology for tangles and cobordisms, *Geom. Topol.* **9** (2005), 1443-1499.
[18] N. Ito, On Khovanov complexes, preprint.
[19] L. Lewark, The Rasmussen invariant of arborescent and of mutant links, Master thesis.
[20] R. Lipshitz and S. Sarkar, A refinement of Rasmussen's S-invariant, *Duke Math. J.* **163** (2014), 923-952.
[21] M. Mackaay, P. Turner, P. Vaz, A remark on Rasmussen's invariant of knots, *J. Knot Theory Ramifications* **16** (2007), 333-344.
[22] J. S. Carter and M. Saito, Reidemeister moves for surface isotopies and their interpretation as moves to movies, *J. Knot Theory Ramifications* **2** (1993), 251-284.
[23] V. Turaev, Knots and words, *Int. Math. Res. Not.* **2006**, Art. ID 84098, 23pp.
[24] N. Ito, Jones polynomials of long virtual knots, *J. Knot Theory Ramifications* **22** (2013), 1350002, 17pp.
[25] V. Turaev, Lectures on topology of words, *Jpn. J. Math.* **2** (2007), 1-39.

●第Ⅰ部［日本語による文献］
[26] 彌永昌吉，彌永健一，『集合と位相』(岩波講座基礎数学選書)，岩波書店(1990)．
[27] 小林毅,「絡み目理論の新しい不変量——作用素環に由来するJones多項式とその一般化」,『数学』**38**(1986), 1-14.
[28] 河内明夫,『レクチャー結び目理論』, 共立出版(2007).
結び目の向きに関しては9ページを参照のこと.
[29] 大槻知忠(編著), 大山淑之, 高田敏恵, 出口哲生, 村上順, 村上斉, 和久井道久(著),『量子不変量——3次元トポロジーと数理物理の遭遇』日本評論社(1999).
[30] 村上順,『結び目と量子群』朝倉書店(2000).
[31] 大槻知忠,『結び目の不変量』, 共立出版(2015).
[32] 藤博之,「超弦理論とホモロジーの統一理論」,『日本物理学会誌』Vol. 68, No. 12, 2013, 801-809.
[33] 廣井望,「絡み目のKhovanov homologyについて」(修士論文), 奈良女子大学大学院人間文化研究科数学専攻, 2014年1月.
[34] 佐伯修, 佐久間一浩,『複素超曲面の特異点』, シュプリンガー数学クラシックス (2003).
([13]の邦訳, 日本語版のための解説, 解決された予想2.4節に解説がある.)
[35] 伊藤昇,「結び目で世界はどこまで描けるのか——幾何と物理の交差点」,『日本物理学会誌』, Vol. 73, No. 2(2018), 76-84.

●第Ⅰ部[その他の文献] [36, 37]は筆者が読んだであろう本に行き逢えなかったが，アクセスできそうな新しいものを掲げておく．
[36] 大岡昇平,『花影』講談社文芸文庫(2006).
(さまざまな出版社から出ているが，ここでは最新と思われるものを挙げた.)
[37] 梶井基次郎,『桜の樹の下には』, 青空文庫(電子資料).

- [38] ゲーテ，高橋義孝(翻訳)，『若きウェルテルの悩み』新潮文庫(1951).
- [39] 長原豊,「本質主義」,『現代思想臨時増刊号』vol. 28-3,「総特集　現代思想のキーワード」, 青土社(2000).
(文章内にニーチェの考えが易しく解説されている.)

● 第Ⅱ部[数学の専門家向け，英語による文献]
- [40] N. Ito and Y. Takimura, Strong and weak (1, 2) homotopies on knot projections and new invariants, *Kobe J. Math.* **33** (2016), 13-30.
- [41] N. Ito and Y. Takimura,(1, 2) and weak (1, 3) homotopies on knot projections, *J. Knot Theory Ramifications* **22** (2013), 1350085, 14pp.
- [42] N. Ito, Y. Takimura and K. Taniyama, Strong and weak (1, 3) homotopies on knot projections, *Osaka J. Math.* **52** (2015), 617-646.
- [43] N. Ito and Y. Takimura, Sub-chord diagrams of knot projections, *Huston J. Math.* **41** (2015), 701-725.
- [44] M. Sakamoto and K. Taniyama, Plane curves in an immersed graph in $\mathbb{R}^2$, *J. Knot Theory Ramifications* **22** (2013), 1350003, 10pp.
- [45] T. Hagge and J. Yazinski, On the necessity of Reidemeister move 2 for simplifying immersed planar curves, *Banach Center Publ.* **103** (2014), 101-110.
- [46] H. Whitney, On regular closed curves in the plane, *Compositio Math.* **4** (1937), 276-284.
- [47] M. Khovanov, Doodle groups, *Trans. Amer. Math. Soc.* **349** (1997), 2297-2315.
- [48] V. I. Arnold, *Topological invariants of plane curves and caustics*, University Lecture Series, 5. American Mathematical Society, Providence, RI, 1994.

● 第Ⅱ部[日本語の文献]
- [49] 伊藤昇,「2016年結び目の旅」,『数学セミナー』2015年10月号-2016年3月号(6回連載), 日本評論社.

索引

●数字・アルファベット

Hagge (T. J. Hagge)……210, 219
Hagge-Yazinski……149
HOMFLY-PT 多項式……050
i-単体(i-simplex)……015, 025
i-コチェイン(i-cochain)……031
i-チェイン(i-chain)……016, 026
k 個の連結和……199
n 辺形……148, 170, 200
RⅢ コード……191
Yazinski (J. T. Yazinski)……210, 219
α-アルファベット……134

●あ行

アーク……107, 148, 159, 170, 185, 199
アーノルド(V. I. Arnold)……219
アルファベット……133
アレクサンダー多項式
　(Alexander polynomial)……042
イ・ウンス(E. S. Lee)……090
位相的貼り合わせ……018, 019, 022
位相同形……019, 022
位相同形による同一視……035
ウィッテン(E. Witten)……051
ウエイト(weight)……053
エタールワード……134, 135
折れ線……013
折れ線結び目(polygonal knot)……013

●か行

カーター(J. S. Carter)……123
回転数(rotation number)……056, 147
ガウスワード……135
カウフマンブラケット……051, 052, 054, 070, 071, 073, 076
カウフマンブラケットの圏論化……078
加群(module)……024, 035
カノニカルジェネレーター
　(canonical generator)……111
絡み目……049
絡み目コボルディズム……122
函手……090, 091, 092, 095, 099
基点……122
基点付き絡み目……122
基点付き結び目……101, 122
基本パーツ(elementary parts)……053, 058
球面上の結び目の影……144
境界作用素(boundary operator)……017, 027
共変函手……092, 094
行列(matrix)……003, 055
極小点(locally minimum)……052, 058
極大点(locally maximum)……052, 058
曲面……036
曲面の展開図の書き方……036, 088
組み紐(braid)……064
組み紐図式……065
クロンハイマー(P. Kronheimer)……090
係数となる群……035
圏(category)……091, 094, 096
圏論化(categorification)……003, 051, 070, 075, 076, 080, 081, 083, 085
交差交換……086
交点(crossing)……052, 053, 056, 058, 144
恒等射……091
コード図……187
コチェイン(cochain)……031
語のトポロジー……135
コホモロガス(cohomologous)……033
コホモロジー(cohomology)……002
コボルディズム……101, 122
コボルディズムの圏……123

●さ行

齋藤昌彦……123

ザイフェルトのアルゴリズム……130
ザイフェルトの平滑化……109
細分化されたステイト（enchanced state）
　　……072, 075, 078, 082, 083, 100, 104
射……090, 091
十字近傍……203
種数……037
準同型写像（homomorphism）……068
小圏……090
状態……046, 050
消滅……113
ジョーンズ（V. S. R. Jones）……051
ジョーンズ多項式（Jones polynomial）
　　……003, 042, 049, 051, 070, 077, 078, 081, 083, 085
ジョーンズ多項式の圏論化（A categorification of the Jones polynomial）
　　……003, 070
神保道夫……051
スウェリング（swelling）……203
数学の2通りの勉強法……004
スケイン関係式……049
ステイト……046, 050
生成（generate）……026, 113
生成元（generator）……017, 024, 026
生成される（generated）……024
線型環……067
（フィルター付けされた）線型写像……117
双対……095
双対境界作用素（coboundary operator）
　　……032
双対空間……095

● た行

対象……090, 091
瀧村祐介……149, 157, 183, 220
脱圏論化（decategorification）……080
谷山公規……149, 201, 220
単体（simplex）……015, 025
チェイン（chain）……016, 026
チェイン群……076, 078, 081, 107, 120
チェイン写像……098, 101, 113, 118, 124

チェイン写像から誘導される写像……099, 118
チェイン複体……078, 098, 107, 114
チェインホモトピー（chain homotopy）
　　……100
チェインホモトピック……100
ティアドロップ円盤……160
テンソル積（tensor product）……060, 069
テンパリー–リーブ代数（Temperley-Lieb algebra）……068
同相……019, 022
トーション……079, 080
トーラス結び目……131
特異点（singular point）……052
ドリンフェルト（V. G. Drinfeld）……051
トレース（trace）……068, 069

● な行

ナノワード……133, 135

● は行

反変函手……092, 096
ビロ（O. Viro）……070, 078, 081
フィルター次数……114, 119
フィルトレーション……103, 114, 116, 117
複体のフィルター次数……114
不変量……150, 167, 189
フュージョン……111, 119
平滑化（splice）……054, 056, 069, 073
平面イソトピー（plain isotopy）……053
平面曲線……144
平面上の結び目の影……144
（フィルター付けされた）ベクトル空間
　　……117, 118
ホイットニー（H. Whitney）……146, 159, 219
ホバノフ（M. Khovanov）……070, 085, 148, 169, 219
ホバノフホモロジー（Khovanov homology）……070, 081, 082, 090, 100, 101, 103, 107, 111, 120, 123
ホモトピーデータ……135

ホモロガス (homologous) ……018, 027, 115
ホモロジー (homology) ……002, 013
ホモロジー函手 ……097, 099, 100, 101
ホモロジー群 ……014, 018, 028
ホモロジーのフィルター次数 ……116
ホモロジカル次数 ……101, 107
ボルツマンウエイト ……064

●ま行

ミルナー (J. W. Milnor) ……052
ミルナー予想 ……089, 101, 107, 114, 117, 131
向き付き折れ線結び目 (oriented polygonal knot) ……012
結び目 (knot) ……141
結び目解消数 ……086, 087, 089, 132
結び目射影図 ……010, 143
結び目種数 ……088
結び目図式 ……010, 143
結び目の影 (knot projection) ……144
結び目不変量 ……043, 100
ムロウカ (T. Mrowka) ……090

●や行

有限次元ベクトル空間のなす圏 ……093
有限集合のなす圏 ……093

●ら行

ライデマイスター (K. Reidemeister) ……144, 157
ライデマイスター移動 ……155
ラスムッセン (J. Rasmussen) ……090, 101, 126, 128
ラスムッセン不変量 ……102, 121, 128
リーホモロジー (Lee homology) ……090, 102, 103, 107, 111, 114, 116
リーホモロジー群 ……124
量子次数 ……103, 107
連結和 ……185

●わ行

ワード ……133
ワードのトポロジー ……135
輪切り図式 (sliced knot diagram) ……057

伊藤　昇
いとう・のぼる

長野県出身.
2010年，早稲田大学基幹理工学研究科数学応用数理専攻修了（博士（理学））．
早稲田大学基幹理工学部数学科助手，助教，早稲田大学高等研究所助教，准教授を経て，
2016年より，東京大学大学院数理科学研究科特任研究員．
専門は位相幾何学（トポロジー），特に結び目の量子トポロジーとそれらの圏論化，
およびトポロジーにおける逆問題．
著書に『Knot Projections』(Chapman & Hall/CRC, 2016)がある．

結び目理論の圏論
「結び目」のほどき方

2018年3月25日　第1版第1刷発行

著者　―――― 伊藤　昇
発行者　―――― 串崎　浩
発行所　―――― 株式会社　日本評論社
　　　　　　〒170-8474　東京都豊島区南大塚 3-12-4
　　　　　　電話　(03) 3987-8621［販売］
　　　　　　　　　(03) 3987-8599［編集］
印刷　―――― 株式会社　精興社
製本　―――― 株式会社　難波製本
装丁　―――― STUDIO POT（山田信也）
図版協力　―――― 船越　紫（奈良女子大学，第Ⅰ部），瀧村祐介（学習院中等科，第Ⅱ部）

Copyright © 2018 Noboru Itoh.
Printed in Japan
ISBN 978-4-535-78813-8

JCOPY 〈（社）出版者著作権管理機構　委託出版物〉

本書の無断複写は著作権法上での例外を除き禁じられています．複写される場合は，そのつど事前に，（社）出
版者著作権管理機構（電話：03-3513-6969，fax：03-3513-6979，e-mail：info@jcopy.or.jp）の許諾を得てください．
また，本書を代行業者等の第三者に依頼してスキャニング等の行為によりデジタル化することは，個人の家庭
内の利用であっても，一切認められておりません．